# 生活再难都是对的，拼到想哭也就笑了

米德◎著

煤炭工业出版社
· 北 京 ·

图书在版编目（CIP）数据

生活再难都是对的，拼到想哭也就笑了 / 米德著．
－－ 北京：煤炭工业出版社，2016（2018.7 重印）
ISBN 978－7－5020－5585－1

Ⅰ.①生…　Ⅱ.①米…　Ⅲ.①人生哲学—青年读物
Ⅳ.①B821－49

中国版本图书馆 CIP 数据核字（2016）第 294218 号

**生活再难都是对的，拼到想哭也就笑了**

---

**著　　者**　米　德
**责任编辑**　马明仁
**特约编辑**　郭浩亮　汪　婷
**特约监制**　朱文平
**封面设计**　刘红刚
**封面插画**　咖啡色

**出版发行**　煤炭工业出版社（北京市朝阳区芍药居 35 号　100029）
**电　　话**　010－84657898（总编室）
010－64018321（发行部）　010－84657880（读者服务部）
**电子信箱**　cciph612@126.com
**网　　址**　www.cciph.com.cn
**印　　刷**　北京合众伟业印刷有限公司
**经　　销**　全国新华书店

**开　　本**　900mm×1280mm 1/32　**印张**　9　**字数**　200 千字
**版　　次**　2017 年 1 月第 1 版　2018 年 7月 第 3 次印刷
**社内编号**　8448　**定价**　36.00 元

---

# 序　言

## 有所期待，未来的样子

十七岁的时候，我希望自己可以成为一名诗人，当时觉得诗人骨子里装的都是情怀。那时候我还不懂什么是现代诗，尽管现在我还是不懂。

我向学校里一个小有才气的学长请教怎么写诗，学长说："写诗这种事情，只可意会不可言传。"我去小卖部买了两罐可乐，学长很满意，他告诉我，现代诗最重要的是塑造情境，我疑惑，他顺手从桌上撕下张便签，洋洋洒洒五行字，提笔就是一首诗。

**时光真疯狂**

**我一路执迷与匆忙**

**依稀悲伤**

**来不及遗忘**

**只有待风将她埋葬**

我和他说："这么好听的诗应该有个名字。"学长点点头："我看窗外的风正符合这首诗的情境，就叫它《风且吟》。"后来我才知道，这首诗原来是朴树的歌词，名字叫《且听风吟》。

我人生中的第一首现代诗是在数学课上完成的，迫不及待地想和人分享，夹在数学改错本里递给前桌的女生。满心欢喜地等着下课之后她和我说点什么，表达一下仰慕，或者夸我几句有才情，直到晚自习她很平淡地将本子还给我，我虽然难掩失望，但还是不甘心，我问她："写得怎么样？"她摇摇头，翻开本子指给我："你看，这几道数学题改了三遍还是错的……"

定期会给学校校报的诗歌专栏投稿，毫无例外，每一次都被退回来，负责这个专栏的是我的语文老师，我拿着被驳回的现代诗问她哪里写得不好，她和我说："你不能把一句话拆成几段就说这是现代诗。"

后来，我没有再写现代诗，反倒是作文被发表了，还断断续续地有稿费开始填补我高中拮据的生活。

那一天，毫无征兆地，这句话就闯入了我的脑子里：一定要敢于期待你的未来，这样你才能拥有自己的未来。

还记得我们期待过的未来吗？

敢于期待你的未来，这样你才能拥有自己未来的生活，如果放在高中学政治的话，政治老师一定会告诉你，这是一种唯心主义的说法。

可是，想一想又不会怎样。

而且，还真的有些可行性的，这些可行性全部掌握在你自己手中。

当我们无限地去期许自己的未来，并一点点将这些未来不断丰富的时候，就会发现，自己离这样的生活越来越近了。

在高中的时候，前桌的女生在地图上画了很多地方，我当时觉得我们都只是说说，毕竟以后谁知道能不能完成呢。

更何况她画了那么多地方，这不定要走到什么时候。

可是距离现在已经有六年的时间过去了，她凭借着寒假、暑假、“五一”“十一”，已经走过了不少地方，征战了不少她曾经画下的版图。

而我没有这么顺利，高考跑偏之后，换过方向，之后又重新回到路上。

那天，我在线听完剧本课的时候，忽然就想到了这句话：一定要敢于期待你的未来，这样你才能拥有自己的未来。

很多人和我说过：别想了，理想很丰满，现实很骨感。换一句话，同样的意思也是：我们总有一天都是要向现实妥协的。

我曾经有过一段时间，也用这样的话来告诉自己。失败之后告诉自己，现实是残酷的，我们都要妥协，无一幸免。

我曾经采访过一个摇滚乐队，现在这个摇滚乐队也不太有名，在我们当地的酒吧演出。

在此之前，我以为热爱摇滚的人最后都一定要归于现实的，找一份平淡的工作，就像万青在《杀死那个石家庄人》里描绘的生活一样：傍晚六点下班，换掉药厂的衣裳，妻子在熬粥，我去喝几瓶啤酒。

然后如此生活三十年，直到大厦崩塌。

可是后来，我发现，其实也并不一定这样。

他们喜欢摇滚，在这种地方演出的钱虽然不够生活，却仍旧因为演出而兴奋。即使不一定大火，却也算是做了自己喜欢的事。

如果要以名利双收、名扬天下才算是这些理想的出路的话，显然太多人都被现实打败了。

但是倘若，只是喜欢摇滚，想要以此为生的话，生活还是可以满足的。

并不是一定要向现实妥协，喜欢一样东西，守在这项东西的身旁，也很好。

当然，也并不是所有的理想都没有条件。

最近，在这座不算旅游胜地的城市里，不知为何也出现了很多的歌手。

在各大商场前，傍晚霓虹初上，弹着吉他唱歌，吉他袋子扔在地上打开，用来收打赏。

有些打感情牌的会竖个卡片，写上为了梦想。

我听过那种写着为了梦想的人，唱歌唱得跑调，唱一些听起来山高水远、涤荡心灵的歌，还没我在KTV唱得好听。

我听几下就赶紧撤了，多待一会儿都觉得是折磨。

也曾经和几个小伙伴在这种地方听到过让人忍不住想打赏的声音，远远地听到的时候，就觉得好听。走过去驻足听几首，尽管对方也没有竖个卡片说什么为了梦想，我和身边的朋友还是会忍不住去打赏。

因为听他的歌、看他的状态的时候，就能想到自己好像也有专注的时刻，也曾希望以某种自己爱好的方式去打动别人。

所以说，理想这些东西，都是有条件的，必须要足够好，以及不断地接近足够好。

这样，我们即使不用去说为了梦想，梦想也不会抛弃我们，它会以各种形式存在于我们周围。

我知道，说太多为了理想反倒是让人觉得很虚，但是我希望，我们都可以期待，去无限期待我们未来的样子，然后努力去活成我们期待的样子。

我很喜欢“未来可期”这个词，单单看到这个词的时候，都会觉得这是一种幸福的状态。

可以预想未来，可以期待。

有些人二十五岁就死了，七十五岁才埋葬。

我想，你也一定不愿意活成这个样子。

不如，我们去活成，七十五岁埋葬的时候，他仍是二十五岁。

欢迎走进我的世界，我准备的并不是一杯茶，而是一杯酒。

烈酒入喉，聊一聊我的过去，现在以及未来。

你喝下这杯酒，借着剔透的冰凉、入喉的辛辣、传荡在四肢百骸的刺激，想一想，你的过去、现在以及未来。

这杯酒，愿所有的人“未来可期”。

我先干为敬！

# 目　录

## Chapter 1　理想这路上，谁不曾孤独

## Chapter 2 你若得过且过，哪有来日方长



## Chapter 3 残酷的世界，你要披甲上阵

## Chapter 4　所有的热爱，都要不遗余力



## Chapter 5　世间所有的相遇，都是我努力找到你

Chapter 1

# 理想这路上，谁不曾孤独

# 通往理想生活的路上，谁都曾孤独

这个世界上有一条鲸鱼叫Alice，他从太平洋游了数千英里游到大西洋。没有人知道他为什么会游这么远，有人说，海洋这么大，他想去看看；也有人说，他跋涉千里，只是为了寻找一头能够听懂他的鲸鱼。

因为其他鲸的频率是15~25赫兹，而Alice的频率是52赫兹。

这意味着这些年来，在其他鲸鱼的眼里，他一直是个哑巴。没有亲属和朋友，唱歌的时候没有人听见，难过的时候也没有人理睬。

如果他遇到了自己喜欢的鲸鱼，鼓足勇气想和她打个招呼，他说“hey”，她还在旁边吐泡泡，他给她唱歌，鲸鱼听不到。她不开心的时候，Alice卖力地在海里表演肚皮舞、翻跟头，直到他筋疲力尽，重重地摔回海里，她还是看不到。

Alice只能在她身边默默地看着她，看着她结婚，看着她生了小鲸鱼，看着她一脸幸福地在海里和其他鲸鱼游来游去。

二十年来，没有人能听到Alice的声音，但是他一直歌唱，从太平洋唱到大西洋。

他还会一直唱下去，也许他能够遇到另外一只52赫兹的鲸鱼，也许他只能够孤独终老。

这是我听过的最孤独的故事。

我在看到这则故事的时候，正面临着高考。

凌晨，借着厕所里的灯研究怎么也研究不透的数学题。宿舍楼的对面是教学楼，美术室还亮着灯，只有美术生允许在教学楼留宿，因为不久他们就要参加艺考，好多人几夜都在反复画着同一张素描。

我躲在厕所里看书的时候经常会羡慕他们，晚上不用蹲在厕所里看书该是一件多么幸福的事。

那段时间我觉得有理想的人应该都是孤独的吧，不然为什么所有人除了吃饭、上课，都在低着头做着自己的事，没有人聚在一起聊八卦，也没有人相约下课打篮球。

没有一颗孤独的心，又怎么能够在几夜反复画着同一张画。

当时我一直坚信老师和我们说的一句话：耐住寂寞，静下心来，孤独才能成就伟大。

大概是孤独久了，到了大学，谈恋爱便成为大学的第一课。

好多人的恋爱标准从我喜欢的变为我不讨厌。只要长相得过去，并且对方同样需要一个男/女朋友，不到一周，就能共同出现在同一张餐桌前。

舍友和隔壁班的姑娘认识了半天就进入了恋爱状态。我问他，你喜欢那个姑娘吗？

舍友说，谈不上喜欢不喜欢，我只是想在吃饭的时候，身前有两套餐具，服务员不会收走一套。

至于感情，就不要再谈爱不爱，我们只聊聊需要不需要。

薇薇是我身边单身最久的朋友。书读得多，人长得美。一大批男子慕名而来，都被薇薇婉言拒绝。

薇薇的拒绝让身边的闺蜜看得一阵心疼。向她示好的有的是班草，有的家里有钱，闺蜜都说薇薇眼光高，恨不得自己就是薇薇，挑一个就赶紧投怀送抱。

薇薇不理睬，健身，做瑜伽，一个人看书旅行到处走走停停。

朋友们问薇薇："一个人不孤独吗？"

薇薇说："当然孤独，可是也不能因为孤独就和另一个孤独的人在一起啊。"

朋友们继续追问："那你打算什么时候找男朋友？"

薇薇的回答很有趣："动心的时候。"

在她眼里，没有应该恋爱的年纪，只有应该恋爱的感情。

朋友们一阵无语，看薇薇的眼神只写了四个字：莫名其妙。

爱情里有一个词，叫"宁缺毋滥"。

薇薇是觉得自己孤独了这么久，一定要遇到一个有趣、肯为她花尽心思的男朋友，才对得起自己这些年的孤独。

薇薇单身了两年，舍友们出去唱歌都带着各自的男朋友，只有薇薇自己一个人坐在角落。在电影院看到动情处，身边也没有人能借她个肩膀，给她递张纸巾。

第三年，薇薇在某个旅游城市的街头唱歌，不是原创，都是唱她喜欢的歌手的歌。

有一个男生，每天都会在薇薇收工前拿着叠得整整齐齐的零钱和一束花放在薇薇身前。

花应该是在清晨的时候从路边采的小花，怕枯得太早，每次他都会买一瓶矿泉水，将花插在瓶子里。

薇薇喜欢花。也没有一个女人不爱花。

薇薇也知道，他在城市里，要想摘到这种野花，一定要走出去好远。

有一天，薇薇收工早，不想回家，她就沿着反方向一直走。走出好远，她看到了他在路边唱歌。身前零零散散的有几张零钱，灯光不是很亮，薇薇也不知道他是不是注意到了她。

她在原地站了好久，一直到他放下吉他看向薇薇。

薇薇心跳得厉害，把今天的钱胡乱地塞到他手里，快速逃离现场。

之后，在薇薇唱歌的地方就多了一位男生。

再后来，就只有男生在唱歌，薇薇站在他旁边。

薇薇回来的时候，他去车站送她。

薇薇催他赶紧下车，说等放假，还会来找他。

他一直在说，过一会儿，再过一会儿。

火车开了，他也没有下车。

Alice孤独地旅行了几千英里，只为了寻找一个同类，能够听到他，看到他。那么多为了高考挑灯夜战的凌晨，也需要有一颗孤独的心才能让自己咬牙走过来。薇薇单身了这么久，终于遇到了她喜欢的人，再多的等待也都变得值得。

仔细想想，按照自己的性子去过生活的路上，谁不曾孤独。

邻居家的一个姐姐，出来工作得早，卖过化妆品，卖过服装，十八岁那年一个人跑到北京批发衣服倒回老家卖。

后来挣了点钱，在县城租了一个小店面卖服装。

直到有一天，她觉得生活太平淡，她和父母说，她要考大学。

所有人都觉得她疯了，好好的工作不做，去考什么大学。

在我们老家，上学无用论的观念根深蒂固，大学毕业，工资三千，而在这里随便找个工厂上班，一个月也能拿到四五千的工资。

尤其是女孩子，接受教育更是无用。到了二十岁，嫁人生子，一辈子忙于柴米油盐，才是生活。

姐姐找了一堆教材自己学习，白天一边卖衣服，一边看书。然后报名参加了成人高考，第一年，没考上。第二年，考了一所普通的大学。

她说要去读书，家族反对，父母不支持。

最后父母说，你想读就读吧，但我不会给你一分钱。

她在大学都是半工半读。

毕业后，她想留在当地城市，父母希望她回家工作。苦口婆心地劝了半天，如果再不回家，就真的变成了大龄剩女，嫁也嫁不出去了。

而她，却从没想过现在结婚。

电影里面，这类故事到最后，主人公一定会有所成就，父母逢人就夸自己的女儿有出息，邻居也是竖起大拇指，教育自己的儿女，这是别人家的女儿。

生活毕竟不是电影。

她后来在外企找了份工作，从最基层的职员做起。

工作三年，慢慢当上管理层。

后来认识了现在的老公，她的老公负责和他们公司对接。

再之后，她嫁到了新西兰。

故事到这里结束，电影里的场景没有出现，她也没有回小县城生活。

前不久她和老公去海边度假，拍了许多照片。

照片里完全看不出她已经三十几岁，每一张照片里的她都像二十岁的小姑娘。

我看到的时候觉得她一定很幸福。

我们都碰到过这样的经历：

朋友约跑步，跑了两天，朋友就放弃了，自己一个人，默默地跑了三年；

和朋友讲你的理想的时候，朋友听了好久，最后也get不到你讲的重点，你忽然就不想再说了；

想学习某项技能，或者追求某种生活的时候，父母说已经为你安排好另一条更平坦的路，你的坚持在他们眼里是犯傻，他们告诉你的是，小孩子才谈理想，大人什么都不会想。

有些路只能一个人走，有些话你说得再认真，也未必有人懂。

《生活大爆炸》中有一段关于孤独的描述：

“或许你在学校格格不入，或许你是学校里最矮小、最胖或最怪的孩子，或许你没有任何朋友。其实，这根本无所谓。但我的重点是，那些你独自一人度过的时间，比如组装电脑或练习大提琴，其实你真正在做的是，让自己变得有趣，等有一天别人终于注意到你时，他们会发现一个比他们想象中更酷的人。”

如果现在深受孤独，不被理解。没关系，努力去变得越来越好。

不要对抗孤独，也不要试图爱上它，因为它只是你生命中的过渡期，待到足够好时，终会摆脱孤独，遇到像你一样优秀的人。

而我们所需要做的是，从这段孤独的时期中汲取足够支撑你开花结果的力量。

毕竟，理想这条路，谁不曾孤独。

而度过孤独的常态，才能爱自己想爱的人，做自己喜欢的事。

## 我和你聊理想，你什么也没想

有人说，这是一个羞于谈论梦想的年代。

前几届的中国好声音，汪峰会问及每一位参赛选手："告诉我，你的梦想是什么？"

表情严肃，语气认真，他一定要在每一位歌唱者的身上听到他们歌唱的意义。

不久，汪峰被封为"梦想专业户"，网上涌现一大批模仿汪峰语气的段子，或讽刺，或调侃。

还有人说，理想这东西说出来就会显得很矫情，不能吃，不能喝，你矫情再久，孩子的一声啼哭，还是要乖乖跑去挣那怎么挣也挣不够的奶粉钱，百无一用是理想。

我们目睹了香车宝马、高楼大厦，指着这栋城市的中心说，有一天，我也要搬进这里的写字楼。怀揣着对未来的憧憬，眼睛里闪着光。

同事劝我打消念头，这是权贵人士才能办公的地方，我们还是想想就算了。他在和我们说这些话的时候，可能我们还没有过公司的实习期，甚至不清楚五险一金是哪几种保障性待遇。

我们和朋友在一起闲聊，谈到中国最宜居的城市的时候，我们欢欣雀跃、手舞足蹈地说，我以后要在某某城市定居，怎样怎样。

此刻竟没有一个朋友接话茬，用怪异的眼神看过你之后，最后给了你一个不知道是鼓励还是否定的回答，“哦。”

近几年，理想被玩坏，人们不敢说话，不敢做梦，在说自己是一个有梦想的人的时候都会被划为有色人群。

谈起理想的时候请仔细听，一定有人在发笑。

后来汪峰接受采访，汪峰不解，“为何观众对于梦想的话题持有贬义或是嘲讽的态度？咱们现代人最没劲、最比不得过去人的，就是缺少梦想。梦想到一千年以后都应该值得荣耀。我再说一千遍也很正常。它对于年轻人来讲更加重要。”

汪峰的话很直接，这不是一个羞于谈论梦想的年代，这是一个不敢做梦的年代。

没有梦想的人要比有着坚定梦想的人多很多，安于现状的人永远占据大多数。

可是，人活着不能只为了吃饭，不然和一条能吃的咸鱼又有什么区别？

我有一段时间，日子过得很颓，重复地往返在学校和实习单位之间，不迟到，完成学校的作业，周末休息一天，这一天，我只用来睡觉。

颓唐的日子总会让人记住，现在回想起来都会觉得那段时间真的是苦，这种苦和你吃什么东西，挤公交车无关。它是一种你对当前生活状态的厌恶，想改变又无从下手的无力感。时间久了也会麻木，安慰自己，你看，大家不都是这样生活吗？你也没有什么特别啊。

有的时候也会觉得自己矫情，衣食饱暖，不愁吃穿，借用赵本山老师的小品来说，要多少是多啊，要啥自行车啊？

可是，心里就是怪怪的，觉得自己的生活少了点什么。

后来，我辞职了，因为我觉得这并不是一份我想做的工作。

辞职当天，心情舒畅，走在路上都觉得路过的姑娘在向我问好，我碗里的馄饨都要比别人碗里的胖很多。

当时心里唯一的想法是，哪怕这条路不好走，但是你看，有理想的人多快乐。

表弟高中毕业，前两天向我咨询什么专业毕业之后能找一份好工作。

曾经，好像我在报专业的时候也思考过这个问题。

对未来有些焦灼，想着一本万利。

但是后来，上了大学之后才发现，也许学的专业与自己的工作会有联系，但是，却不代表着自己学的专业和自己的工作有着百分之一百的联系。

所以啊，最后促使我们能够找到一本万利选择的好像还应该是喜欢什么，肯在哪一方面下功夫。

记得有一次和一哥们儿喝酒，聊起毕业之后的事情，那个哥们儿很感慨，多喝了两杯酒后，开始回忆往事。

他在高中的时候就没想过自己将来要做什么，有什么理想。当时所有人的状态好像都一样，对理想的认知就是考一所好的大学，找一份体面的工作，没有人去想自己想做什么职业，想成为一个怎样的人。

到了大学，还是没有清晰的目标，每天和大多数学生一样，上课，下课，数着假期过日子。

面试了几份工作，做过策划，跑过销售，但没有一份工作是他真正喜爱的。

后来成了家，工作也变得稳定，就更和理想无关了。

这样的日子，想想真的挺没意思的。

他见过许多有理想、有抱负的人。有的人为了理想可以连续吃几个月的泡面；正在创业的年轻人深夜还在办公室加班，完成某项成果的时候兴奋起来可以几天几夜睡不着觉。

可是，他从没有过这种状态。

他觉得自己的人生就是一大写的“俗”字。

后来聊嗨了，他说，他哪里是没有理想啊，曾经还组过乐队呢，想成为下一个Beyond。

然后非得登上桌子给我们唱一首，临走的时候，坐上了出租车还在和我们说，明天他就去唱歌，不上班了！

那天喝酒回来之后，我就在想，等这顿酒醒了之后，我们都会自动性忘记他说的话，而他自己，想起来也会笑笑，哼两句小曲继续上班。

后来，接到表弟的电话。表弟不顾家里的反对报了机械设计制造，表弟和我说，制作机器人一直是他的梦想。

我们身边有很多到了而立之年放弃梦想的人，也有太多如表弟，年少时也曾想过做最真的自己。我们一直都坚信的是，努力就能成功，坚持就能胜利，但是当你在城市打拼几年，在社会走上一遭之后，你发现你还是买不起喜欢的东西，偶尔的犒劳自己也会让你心疼不已，我们又会得出结论，理想是世界上最廉价的东西。

如此，我们还需要理想吗?

正因如此，我们才更需要理想。

曾经看到一则新闻，在贵阳市花溪区的一个小河谷里，一位七十岁的老人花了二十年的时间建造了一座奇幻城堡——花溪夜郎谷。

是怎样的动力才能让老人在河谷里坚持二十年?

老人讲，夜郎谷是他心中的梦，建这座古堡就是他一直以来的梦想。

我们也许经历过太多坚持却得不到，也喝过太多成功学的鸡汤。可是，如果我们连理想都不再相信，我们该如何撑过这漫漫黑夜，我们如果连理想都不再相信，为什么还有人坚持二十年建造古堡，为什么还有人一直在深信着理想?

这座古堡就是老人的夜郎梦，这座古堡就是坚持理想最好的证明。

有消息称，因为政策原因，古堡可能会被拆。

记者问老人，如果古堡被拆了，他该怎么办?

老人答，他还年轻，如果古堡被拆了他就再花二十年建造另一座古堡。

新世相（微信公众号）的《我买好了30张机票在机场等你：4小时后逃离北上广》曾一度霸屏朋友圈，应召者云集，无论是营销也好，炒作也罢，这都反映了在你决定消失人海碌碌无为，总有人还在努力改变生活的现状。

世界上只有一种真正的英雄主义，那就是在认清生活的真相后依然热爱生活。

春节的时候见到一位老同学。高中的时候一起学过编导，高考发挥失常，去了一所三流的学校。

我和他谈起高中一起学编导的时光。他给我看了他近期的几个宣传片。

他告诉我，虽然现在还不能拍出一些像样的东西。但是他很享受现在的工作，他相信，慢慢练技术，应该会好的。

他和我聊理想的时候，眼睛是发光的。

我也相信着。

理想这东西吧，想一想，重实践，慢慢来，还有几分实现的可能的。

别太悲观。

## 热爱这个词，在实现梦想上很无敌

年少的时候，喜欢和朋友探讨一些形而上的问题，例如，梦想对人生的意义，如何坚持梦想。当年很认真，思考这些问题时就像在思考中午吃什么、晚上吃什么一样一丝不苟。读书，查阅资料，研究成功人士的故事。当然，这些脱离实际的讨论都以失败而告终。

我一直觉得自己并不是一个虔诚的理想践行者，虽然断断续续，一直在坚持做自己，但是相比于其他人对梦想的努力，自己还是付出太少，自然得到不多。

说起梦想，丁香绝对是为了梦想不遗余力的姑娘。

她喜欢美术，想做一名服装设计师，而父母是英语老师，希望她未来可以从事与英语相关的工作。

父母态度强硬，一句“我们是为了你好”，把她送进外国语大学。

丁香闷闷不乐，社团、集体、新鲜、会跳舞的汉子，统统不能让她开心起来。

室友宽慰她，既来之，则安之，还是要向前看。

丁香听不进劝，一想到未来与服装再无缘，顿感人生渺茫，毫无希望。

身处大学城，她发现了附近有所服装学院。

之后，早出晚归，伪装成服装学院的学生，混进各种课堂蹭课，成了她的日常。

这一专业需要基本功，她又给自己报了周末培训班，和一帮初中生一起学美术，从画几何石膏学起。

无故旷课太多，学校给了她警告处分。

父母苦口婆心地劝说半小时，丁香愧疚，但又不甘心就此放弃，终于，她做了一个大胆的决定：退学，学美术，重新参加高考。

丁香先斩后奏，父母无计可施，长叹口气，劝诫丁香好自为之。

所有人都觉得她疯了，从211的高校退学，再经历这千军万马过独木桥的高考，重点是她只有半年的时间去学自己一无所知的专业。

丁香的确疯了，办好手续，背着画袋，也不住宿舍，直接将行李丢到画室。都说，不疯魔，不成活，她不知疲倦，动力全开，她每天都要画到深夜才和衣睡下。

天分不够就用勤奋来补，没有基础就用时间来磨。半年，她终于为自己正名。

收到录取通知时，我们恰好在吃饭。我们举杯庆祝丁香再次被名校录取，让丁香讲下实现当前梦想的心得。

她这么刻苦，我们都以为她会心酸地诉说她的坚持和努力，丁香却只说了一句话，只有做自己喜欢的事情时，才会觉得自己是活着的。

有一段时间我沉迷于打游戏，除了打游戏的时间，也一定是在看电子竞技比赛，阅读相关资讯。

也是在那段时间，我知道了“人皇SKY”。

SKY从小对游戏痴迷，初中时把早饭钱省下来买两块币，玩那种摇杆式的游戏机。父亲知道后，时不时去游戏厅堵他，一旦发现，必是一顿毒打。

后来，表弟向他介绍了一款游戏——《星际争霸》。SKY初接触，就迷上了这款世界游戏历史上的经典大作。

他的游戏打得好，是当时全国著名战队的主力。2001年，听说这款游戏有一个全国性的线下争霸赛，坐标西安，SKY热血沸腾，瞒着父母，买了张火车票便偷偷地来到西安，参加这场高手云集的比赛。

结果不如人意，他在淘汰赛上两次遇到了当时最出名的选手，两次的失败将他挡在三十二强外。

在此之前，他已将当地大大小小的奖杯拿了个遍，这次的失败，对他的职业电竞梦造成一万点真实伤害。

第二年的争霸赛分赛区在武汉，他想报名参加，父亲不同意。在父亲眼中，SKY不思进取，两个人的关系由此进入白热化。

最后SKY对父亲说，如果这次拿不到好的名次就从此再也不玩游戏，老老实实地回家上班。

为了守护自己的梦想，SKY冲向WCG的武汉区。结果，到达武汉之后水土不服，顶着高烧参加比赛，只拿到了季军的名次，而只有每个赛区的前两名，才有去北京参加决赛的机会。

SKY遵守承诺，父亲安排他去医院实习，他只有白天上班，晚上趁父母睡着，再爬起来偷偷打几局游戏。

2003年，郑州的某网吧为了培养几个电子竞技选手参加电信组织的比赛，将他们几个较有名的人找来，网吧提供训练的机器和场所。网吧白天营业，训练只能安排在晚上，当时几人住宿的地方只有一个小仓库，SKY和另一个体型很大的胖子挤在一张小床；没有收入，每天只能吃一顿饭，条件很苦。三个月的时间，他们在暴雪公司的BN平台上冲到了国服第一。

一次偶然的机会，他得知北京Hunter俱乐部正在招聘职业电子竞技选手，每月一千块，包吃住。为了获得进一步的成长，决定来北京试一试。

俱乐部有组织的管理和训练给他打开了新大门。SKY很珍惜这次机会，每天练习十四小时以上，游戏的每一个细节都会练习上千遍。终于，拿到了这款游戏在北京赛区的冠军。

他并不满足于此，依旧保持高强度的训练。

2005、2006年，两次卫冕魔兽争霸的世界冠军，SKY成为WCG魔兽争霸项目的世界第一人。

其实仔细看看，我们所接触的那些在做自己想做的事情、实现了梦想的人，都挺癫狂的。之前我听说类似故事还会觉得不可思议。可是我发现其实若真的热爱一件事情的时候，并没有什么不可思议的。

因为对某种食物的偏执热爱跑到千里之外的城市尝鲜，因为热爱唱歌有机会就哼两句无论是在洗澡还是走路，因为热爱读书，闲暇时间看半个小时……

久而久之，热爱尝鲜的人在食物上确实比普通吃货有独特的见解；热爱唱歌的人，唱歌似乎练习多了都不至于很难听；那个看书的人，成了一个有趣且有料的人。

其实，哪有什么成为一个优秀的人的必备法则，不过是热爱加那么一点风雨无阻的坚持。

## 火辣辣才叫理想，平淡是麻酱

记得之前有一次，和军哥在外地拍片，拍到十一点，大家都饿了。

连着赶了三天的大夜，我倒还好，因为是朋友介绍过来帮忙的，平时就打打杂，没事的时候就找个地方睡一会儿，不是很累。其他人是真的忙到凌晨两三点，三天下来，看起来有点乏。正好拍完一场戏，我打算出去找点吃的，和军哥打了声招呼，军哥想了一下，说："成，你等我十分钟，我请大家出去吃个夜宵。"

山脚下的小县城，十一点，刚下过小雨，街边的店都是关着的，路上也没有行人。大家从东头走到西头，终于看到了一家小火锅店还在营业。火锅店面积不大，装修得也很简陋，听老板娘的口音是个四川人，军哥说，是重庆的。同一种方言，城市与城市之间的语言差别外乡人很难听出来，我在心里只说了两个字，"厉害！"

我问他是怎么听出来的？军哥说："我第一次拍片的时候在这儿吃过饭，问的老板娘。"

呃……我的脑袋里一团黑线。

可能是刚下过雨的原因，温度有点低，从片场出来，大家穿得都不多，冻得有点难受。

军哥说："好办，我给大伙驱驱寒。"

叫了几个特辣的小火锅，又叫了瓶五十二度的白酒，几片羊肉下肚，大家吃开了，倒也不再觉得冷了。

吃的过程中，我发现一个现象，军哥吃火锅不点麻酱，辣出了汗，辣得嘴巴通红，就着火锅翻滚的红油，吃得热气腾腾。我就不行，没有麻酱吃不了两口，太辣。虽说过了麻酱火锅的味道就平淡了，但在我以往的观念里，火锅还是得配麻酱。

吃饭的过程中，大伙聊起了自己入行之后的经历，唯独军哥没有说。我让军哥讲几句。他做这一行四五年了，肯定有故事。军哥看了我一眼，"这就说来话长了。"

我说："说来话长就慢慢说。"军哥说："慢慢说你得把麻酱撤了。"

我把麻酱放到了一边，军哥又往嘴里夹了两片羊肉，讲了他的故事。

五年前，他还是一名想做导演却学了物理的大学生。大学四年，看了不少电影，也自学过一些和电影相关的课程。暑假，别的同学都回了家，他先打一个月的工，之后拿打工的钱报了一个培训班。同学笑他太疯癫，一个理工科的男生，却整天想着和镜头打交道，不靠谱。临近毕业，父母想让他回家开个超市，在小县城里，一年能挣十来万，挺好。

他和父母说："我不想回家，我要留在这里做导演。"父母很生气，觉得他是翅膀硬了，管不了，再浪荡几年，回家连媳妇都娶不上。他也固执，一直在强调，做导演是他的梦想。

当时没有一个人支持他，同学的嘲笑，父母的不理解，就连他自己都还不是很清楚导演需要做什么。和父母具体的抗争他已经记不清，只还记得和父母冷战了几个月，最后父母断了他的生活费，逼他毕业回家。

大四的毕业晚会，每个专业可以报三个节目。他导演了他的第一部话剧。

准备了近一个月，租服装，找演员。自己又当导演，又做服装，又做道具……整天拉着一帮人排练，给他们提供午餐，当时他已经被父母断了生活费，自己打了一个月的工挣的钱，全都投到了这部话剧。

他也会觉得自己很辛苦，但是他更希望这部话剧能够成功。

演出当晚，第一次做导演，紧张，再加上没有经验，他在后台忙得不可开交。不过幸好，他听到前面雷鸣般的掌声，他知道，这部话剧成功了。当时的心里各种酸楚，别人的不理解，忙碌的这一个月。他去台前谢幕，聚光灯打下来，那一刻，他忽然觉得自己做的这一切都值得了。

说到这儿，他喝口酒，五十二度的白酒直钻眼睛，辣红了眼眶。他说："之前我也怀疑过自己适不适合做导演，工作了两年后才不再怀疑，自己果然是接触的所有导演中最笨的一个。拍片子这种事是真的需要天赋，如果一个人在自己喜欢的事上面努力了这么久却还是得不到别人的认可，该有多绝望？"

毕业之后他进了一家小的影视公司，每个月都能跟着剧组去外面拍片，最开始的时候公司做原创，拍一些微电影，结果原创不挣钱，公司开始大量地接宣传片，宣传片都是宣传产品，介绍企业文化，没意思，干了一年，他觉得不是自己想要的，和几个朋友辞了职，组了个工作室，自己出来单干。

他们只想做原创，原创是讲故事，将自己导演的作品放到播放平台上，他觉得这才是导演向观众介绍自己的方式。像他们这种小的团队，拍原创很难拉到投资，一些愿意给他们植入广告的给的价也不高。几个人把自己的积蓄全砸在了里面，也只坚持了三个月，再也坚持不下去了。

他又借了点钱，也砸进去了。

后来，实在活不下去了，团队不能散，就也开始接宣传片，用接宣传片挣的钱养原创故事。最难的时候，他付不起房租只好搬来住工作室，每天一块面分两顿吃。

坚持了两年，也导演了几部网络大电影，但始终不温不火，也没挣到钱。当初同一批毕业的同学，混得好的已经全款买了房，差一点的也交了首付，该成家的成家，有着稳定的工作。而他，还在每天为生活奔波，结婚不知道要等到什么时候，见一个投资人经常连夜赶火车。

我们现在拍的这部片，也是他从北京拉到的投资。军哥说，这个剧组里只有他没有工资，如果卖得不好，亏的钱需要他打工来填上。

我不知真假，觉得这么惨的约定一定是他开玩笑。

讲到这儿，故事告一段落。我也不知道再说点什么好，要说他坚持理想吧，看看当初的同学再看看自己，这几年，确实也蛮心酸的。我脑子里还回想着他刚刚说过的话，如果一个人在自己喜欢的事上面努力了这么久却还是得不到别人的认可，该有多绝望？生活扇了他一个又一个巴掌，火辣辣的感觉。不过仔细想想，他的这种生活其实还是蛮带劲的。

那晚的火锅我没有再吃麻酱，就着火锅翻滚的红油，嗯，也是火辣辣的感觉。

之后我就没有再跟过剧组了，不过我们偶尔会在一起吃饭。前几天又见到他，他看起来特别兴奋。他说："我考了三年终于考上了北京电影学院的研究生，我要去学电影了。"

我问他那这段时间还会拍东西吗？

他说："拍呀，我还要接几个宣传片呢，我得挣学费啊。"

写本的时候打算写一个和足球有关的故事，当时，采访了好多球迷。球迷告诉我，在体育馆附近有一个休闲吧，老板也是球迷，休闲吧内都是和足球相关的文化。

体育馆不在市里，在一个挺偏僻的地儿。我坐了一个多小时的公交车才找到这个休闲吧。

老板人很好，给我讲了一下午的足球，我被老板的热情感染，听着有劲，当时还加了老板的微信，他时不时还会给我分享一些关于足球的文章。

因为位置偏僻，来他这儿喝东西的人不多。每个月只有有足球比赛的时候才会忙一些，来他这儿喝东西的都是一些球迷，他最喜欢的就是和他们交流足球，聊得高兴，动不动就给人免单，本来就赚不到什么钱，再加上总给人免单，小店始终处于关张的边缘。

我问过他，这儿的生意也不好，为什么不换个地方。

他说，这儿看球方便，也方便给大老远跑过来看球的兄弟们提供一个交流的地方。

我是打心眼里喜欢这个老板，也不想看着这个有着浓厚足球气息的小店因为经济原因关了张，每周我都会去他那里坐一坐，有的时候也会多叫上几个朋友去捧场，每次去老板都会送我们一桶爆米花，讲两个故事，我是一个爱听故事的人，听他讲得多了，也越来越对足球感兴趣。

后来，我再去的时候，休闲吧关门了。有比赛的时候去，依然关着门。去了几次，都是这样，我问旁边的老板，旁边的老板说他回了老家。

我听到这个消息的时候一阵感慨，坚持了这么久的小店最终还是妥协了。不过他能回老家也挺好的，至少能过得好一点，毕竟这个小店不赚钱，收入不好的时候，都挣不够它的房租。

理想这事对于现实来说，还是有些飘。

没事的时候，我还是喜欢来这附近转一转。有的时候是来看球，有的时候就想看一看这个地方会改成一个什么店。

后来我刷朋友圈的时候，看到他发了条动态，晒得全是他的结婚照。我才知道，原来他是回老家结婚了。我坐车去了小店，他不在，换了个老板。

点了杯饮料坐着聊天，我问新老板接这个店花了多少钱。

他很诧异，我不是这儿的老板啊。

往下问，原来这个新老板是他雇的一个服务员，小店不盈利，他找了份工作，打工养店。

大多时候我们都觉得坚持理想挺难的，看着身边向生活妥协的小伙伴过得都不错，平平淡淡的生活，朝九晚五的工作，反倒是那些坚持了理想的人，也付出了，也努力了，却被生活一次又一次地扇了巴掌。

生活的选择都没有好坏之分，坚持理想的人不一定会活得自由，向生活妥协的也未必不是为了更好的战斗。

我们只需要认清了，火辣辣的才是理想，至于选择怎样的人生，还是要多问问自己。

如果在最困窘的情况下还在坚持理想，每一个选择理想的人都值得敬佩。如果生活太难坚持不下去，也不用遗憾，至少当初为了理想努力过。

我经常会在吃火锅的时候，想起来这些火辣辣的故事，然后把麻酱撤了。

## 那些积极生活的人都去哪了？

父母在家休息了半个月，忙的时候我妈总说等闲下来组织一次家庭旅游，真正闲下来了，她又各种不想动，只想躺在家里看电视，以及吐槽我懒。

她是一个不喜欢出远门的人，爸爸心态年轻，总想爬爬山，看看水，或者去草原骑马，但他又舍不得把我妈一个人丢家里，这么多年，老两口哪也没去成。

我和姐姐私下里策划过几次家庭旅行，但都因为父母忙着工作，也没成功过。正好赶上姐姐这段时间休息，父母都有时间，我和姐姐策划了一个爬山方案，连哄带骗，才让我妈妈勉强同意。

自驾游，一路上走走停停，看到好风景我妈就让我停下来她要下去拍照，在车上的时候她就给我们唱歌，看她的状态玩得还挺开心，我猜她其实也不是讨厌出门，就是在家待惯了，也就丧失了出去玩的欲望。

不是节假日，景区的人不多。到了山脚的时候，我和我妈说要比赛，看谁最先爬上去。话是这样说，父母都五十来岁了，我不会真的和她比赛，再加上山高路陡，我当时的想法是先往上爬，等她爬不动了，找个亭子歇一会儿就带她下山。

爬山其实是一个你追我赶的过程，几个一同上路、素不相识的游客，你追上我，我超过你，遇到一起的时候相视一笑，歇着的人也站起来，鼓着劲往上爬。我们在半山腰休息的时候旁边有两个头发花白的老人也爬到了半山腰，拿着登山杖，精气神十足。我妈说："你看这些人多好啊，年纪这么大了还来爬山。"

我看到他们的时候也很惊讶，在我狭隘的观念里，这个年纪的老人应该在广场跟着节奏跳广场舞，想不到还会有人来爬山。我问她，"那咱们还爬吗？"说实话，爬到半山腰我的小腿已经酸了，我妈应该更累，我准备带她下山，剩下的路就不爬了。结果我妈说："爬呀，你看他们都在爬，我可比他俩年轻多了。"

一路上爬一会儿歇一会儿，也遇到好多颠覆我以往认知的登山人。有头发花白的老人，有带着两三岁孩子的夫妻，还有穿着带跟凉鞋来爬山的女生，在我遇到他们的时候都觉得他们很厉害，在这种条件下，走了这么远，我想他们应该会停在这儿了吧，毕竟剩下的路更陡，一眼望下去，还看不到头。我和我妈在亭子里休息的时候，半山腰遇到的老大爷追了上来，老大爷没停下，冲着我笑了笑，和老伴一前一后，又开始往上爬。

我们剩下的路又爬了足足一个半小时，遇到下山的人会问问还有多远，他们说："前面就是山顶，再坚持一下。"

穿了溶洞，过了一线天，向上能看到山顶，向下也能看到积云。

我和妈妈停下来拍照，也是准备休息一下，一鼓作气地到山顶。我问我妈感觉怎么样，她说："累。"

但是我看她高兴的样子，自己私以为她一定觉得比在家里看电视有趣。

等我们到山顶的时候遇到很多熟人，那对老人、带孩子的夫妻，还有踩着带跟凉鞋的女生，他们也是刚爬上来不久。

我特别庆幸中途没有放弃，不然我根本不会知道他们也到了山顶。

我在山顶和老大爷聊天，竖起大拇指，夸他体力好。老大爷哈哈一笑，和我说："小伙子，爬山最重要的不是体力，是毅力。"

半个月前一个朋友在朋友圈发了条动态，原文是这样的，"今早去单位上班，偶然发现保安小哥在看策论，在做题，书页上画满圈圈叉叉，以及各种标注。聊天后才得知他正在准备考狱警。我当时大脑真的是嗡的一下，羞愧难当。突生感慨，躺着的人永远不会看到别人奔跑的身影，直到连背影都看不见。"

我当时在看到这条状态的时候在想，如果是我的话，我应该是属于那种踩点上班、从未迟到的人。每天早晨见到保安小哥的时候他都在勤劳地站岗，觉得世界里，大家的状态应该都差不多，努力工作、积极生活的人大概只存在于成功学和励志书里，生活中大家都是一样的，偷偷懒，刷刷夜，平平淡淡地活着，同时也盼着某天运气好，领导发一个大红包。直到有一天这个保安小哥不在这儿上班了，自己可能会想，他辞职去了另一个地方当保安，或者他被老板炒了鱿鱼。我绝对想不到保安小哥去做了狱警，他正在为了目标一步一步地奋斗。

这是一个很普遍的现象，睡懒觉的人永远看不到有人在早起；如果朋友不说，没有健过身的你也不会知道朋友在健身；从未去过自习室，就不会知道去自习室还要占座；一直踩点上班，就不会知道有的同事已经在办公室忙了一个小时。我们还天真地觉得，大家都在睡懒觉，大家都是同样地吃吃喝喝，大家都不去自习室，大家都是一样地踩点上班，同事的升职加薪也是运气太好。

偶尔会觉得自己堕落，难过的时候也会想，要不要改变自己的生活状态。可是放眼看去，认识的朋友都一样，网吧里打着游戏，宿舍里睡着觉，自己这样似乎也没有什么不妥。

可是，真的是这样吗？

那些积极生活的人都去哪了？

刚来大学的时候，我对这个学校、这个专业失望透了。一个喜欢写写东西、看看电影的小青年，选了一个经管类的专业，身边也没有兴趣相投的朋友，自己常做的就是和舍友们打打游戏，侃侃大山，研究研究哪个班的女生最漂亮。

我不是一个习惯出入社交场所，和别人见面自来熟的性格，其实挺羡慕他们的，这种人一定活得很开朗。我更偏向于自然而然的社交，因为某种机会，遇到聊得来的朋友多聊了几句，一来二去，聊得多了发现兴趣越来越一致，大家才能成为朋友。这也导致我朋友很少，一个不能接受孤独的人又常常觉得孤独。

孤独的时候就会和舍友出去打游戏，没有伙伴，再喜欢的电影也不会去电影院看，想去看国际4D美术展，算算从学校坐车到市里需要两个多小时，自己一个人，也就没了兴致。

那段时间对生活很失望，整天熬夜，白天不起床，想改变这种生活的方式，找个伴多去参加点有意思的活动，找来找去，认识的小伙伴都在网吧打游戏。

后来在豆瓣上看到一个同城一起拍电影的活动，距离我这边大约三个小时的车程，纠结了好久，一狠心，还是给自己报了个名。

在站牌等公交的时候，正好看到班里的一个女同学也在等车，我和她不熟，过去打了个招呼就再没有什么话说。可能她和我一样，都不是一个善于找话题的人，气氛有点尴尬，公交车这时候来了，我赶紧坐到最后一排，她在前面找了个座。之后，没想到在倒第二班车的时候，我俩还是一辆车。

我们都是从中间的站点坐到终点站，活动的地儿离终点站不远，下车后她问我要去哪，我和她说了我参加活动的地点，她特别惊讶，她说她也是。一细聊才知道，她和我参加的是同一个活动。

我之前一直以为，在这个学校的经管类学院里，不会有人喜欢参加电影啊，文学啊，美术啊之类相关的活动，没想到在我身边就有这样的同学。这使我和她的好感度大增，在活动结束，回去的路上也聊了一路。她还拉我进了学院里的一个兴趣小组，我才知道，经管里还有这么多和我兴趣一致的同学。

她和我说，只要豆瓣上有相关的活动她都会去参加，她之前怎么没有见到过我？

我当时还是有点惭愧，因为这是我第一次参加豆瓣的同城活动。

一直都在抱怨当初的生活不适合自己，却还一直在不适合自己的生活里得过且过。

如果自己早点参加活动，那一定会遇到更多志趣相投的朋友，学校和专业并不能成为我对生活失望的理由，真正值得失望的，只有我自己。

只有当你在爬山登顶的时候你才会遇到登顶的人，你在半山腰处放弃，在你眼里的其他人也和你一样，没有一个胜利者。

当一个人在消极的时候，他不会知道身边一直有人在努力让生活变得更好。就像如果我不去爬山，就不会知道原来有那么多身体条件不如我的人也能登到山顶；如果朋友不早起上班，也不会看到单位的保安小哥为了梦想在学习；如果我不去参加自己感兴趣的活动，也不会遇到和我爱好一致的朋友。

那些积极生活的人都去哪了？

你不积极，你永远不会知道身边的人其实一直生活得都很积极。

而只有你积极起来的时候，你才会发现，身边好像都是积极生活的人。

## 我的未来还会好吗?

祥子是我的高中死党，在一所专科院校里读汽车制造。

从没认真上过专业课，大学除了吃喝恋爱，也没做什么特别有意义的事。

每个假期我们都会小聚一次，祥子带着他高中的时候就在一起的女朋友，吃完饭后会去打几局桌球，唱唱歌——小县城，没有太多娱乐。三年里他没什么变化，聚会也没什么变化。

临近毕业，面试了几份和专业相关的工作，他想做一些有技术含量、未来能有不错发展的工作，面试的几家公司在看过他的简历后都告诉他，只有车间还有空缺的工作。他不甘心，继续问，以后能不能调到技术部，面试官摇摇头，你的简历也不够技术部的要求。他在车间实习过，知道里面是一种怎样的情况，这是一个不需要学历，只看力气的工作。

他和我说，生活真是糟糕。

更糟糕的是，他才和恋爱了六年的女朋友分手不久。从高中的时候起，两个人就在学校秀尽了恩爱，我们几年来几十次的小团体聚会，她一直都以祥子夫人的身份参加。我从没想过他们会分手，毕竟祥子对她千万般好，大学留在这个城市的原因还是因为女朋友要在这个城市读书。

我问祥子，是不是在吵架。他很坚定地和我说是真的分手，因为女朋友觉得他整天打游戏，一点不上进。

感情失败，工作不顺，祥子的人生简直跌入了低谷。

当时，我记得祥子说，他也感觉自己是一个没有未来的人。别说自己的女朋友会放弃自己，连带着他自己都想放弃自己。

关于未来这个问题，我也想过很多遍，想过很多种可能。

怀疑，就更多了。

也不知道为什么，好像生活忽然之间就被我过偏了。

五年前，我还在读高中，一所普通高中的重点班，重点班里的普通学生。

高中三年，我一直英语不好，但是语文突出。成绩中上，也是经常怀着理想的少年。

高二的时候，我在杂志上发表过几篇文章，我记得当时的稿费还不错，上一篇稿大约能有二三百的样子。我的第一笔稿费买了一支钢笔，花了一百多块。我当时写过的几篇文章风靡了整个校园，语文老师夸我写得不错，英语老师让我多用点心思学英语，我还是会在自习的时候写字投稿，和朋友谈起理想时两眼闪闪发光。

高三的时候学习很紧张，所有人都在为高考做准备，我也一样。不过我还是抽时间学了自己喜欢的电影，参加考试。

当时一直觉得自己是走在理想路上的好青年，觉得未来大概就是这样。

后来高考发挥失常，英语考得意外的差，学电影只能上一所二流的普通院校。父母说，算了吧，学艺术太费钱，还是学一个普通的专业。

虽然我百般不情愿，但是想想要在一所师范类二流学校学电影，多少又心有不甘。

我第一次感受到来自世界的恶意，我感觉我的未来好像会有些远。

大一的时候我说要保持初心，坚持写字、看电影、投稿。初升大学，很快就被各种纷繁的社团淹没，被大学多彩的生活淹没，整天奔波在各种活动，夜深人静的时候，偶尔也会想起当初的爱好，记下点只言片语。

大二和搭档一起申请了一个创业项目，入驻的是创业孵化中心最好的位置。每天我们忙着做活动，想创意，也有一个自己的发展蓝图，做过几场轰动学校的活动。忙的时候两天挣了三千，第一次在短时间挣这么多钱，两个人都有点不知所措，觉得自己要走上人生巅峰了。

好景不长，坚持了半年，学校改了政策，我们的项目再也做不下去。我说再坚持一下，也许会好呢。搭档劝我再坚持就要砸在自己手里了。

无奈之下，又把项目转给了另一个团队。

之后，我就再也不知道自己该做什么了。

也曾在迷茫中挣扎过，也曾在深夜买醉过，也想过会有人在我的人生低谷中拉我一把，和我说站起来，我给你指条明路。

然而我身边的同学，也和我一样，都是无解的年轻人，日复一日地重复，向现实妥协。

和朋友在路边撸串喝啤酒，一杯一瓶的大扎啤杯，碰在一起，一箱啤酒一饮而尽。喝开了会一起压马路，大晚上的，路上又没有姑娘。老王大声叫着，生活没意思，小白扶着我问我，他毕业能做什么。

我以为也就这样了，人生总是如此痛苦，自己总是如此糟糕。

那个时候，我好像已经忘记了在高考毕业的时候，我问过自己的，未来会怎样。

但是舍友在十二点的马路上大跑大叫，呼呼的风夹杂着他的咆哮吹过来，他也不知道他现在在做什么。

那天晚上，我看着舍友的时候，忽然之间有些想哭。

我觉得好像我们每个人都没有未来，生活的真相应该就是妥协吧。

后来我打了很长时间游戏之后，一次机缘巧合又开始坚持写东西，祥子去了一家4S店卖车，其他的小伙伴也都各忙各的，每年也只有春节回家才能聚在一起。

春节的时候在一起吃饭，我第一次感觉到祥子和之前不一样了。之前聚会他一直都扮演着吐槽的角色，抱怨抱怨学校垃圾，也会说说生活无聊，感慨大环境不好，毕业生找不到工作，也会发愁在哪买房子，想来想去，发现他在哪都买不起房子。这次聚会他话少了很多，几次说话也都是在和我们聊以后的工作，给我的感觉是他再也没有了当初的颓废感和迷茫，有人抱怨了几句生活多艰，他也没再接着往下说。

暑假我去他们店里给车做保养，墙上挂着一个他们公司的销售情况，他是这个季度的销售之星。等车的时候，他和我说，其实他还蛮感谢前女友的，如果不是因为分手，他也不会这么努力工作，而现在他很喜欢这种忙碌的工作状态，他说偶尔也会迷茫，但是能够感觉到生活在慢慢变好。

而我，其实很少考虑未来的问题了，只想在当下努力把眼前的事情做好。

我的未来会好吗？

在最难过的时候，我经常问自己这个问题。

李宗盛在一个短片中说，人生没有白走的路，每一步都算数。

大二时的创业项目失败以后，我颓了一段时间。

几年以来又开始写东西，虽然断断续续，也算坚持了下来。

之前一起学电影的小伙伴，今年暑假去了爱奇艺实习，另一个在高中时就认识的作者，现在也还在坚持着写作。半年前他做了一个公众号，每天都会在公号上写东西，时至今日，他也涨到了十万粉丝。

未来会不会变好好像是个虚无缥缈的问题。

我们喜欢在夜深人静，或者喝酒喝多了的时候，想一想，却不一定会有答案。

如果一定要一个答案，未来会变好。

但它不是一下子就让你看到希望的光环，它需要你在日复一日的坚持目标中慢慢感受，生活在越来越好。

## 一步步走到失业，到底是哪一步错了?

我常听人说一句话，生活太难了。

这句话听在老家蹉跎了半辈子的表哥说；听刚刚毕业，面试了几家公司也没有满意工作的朋友说；甚至连才恋爱不久，暧昧期还没过的小艾也这么说。

我问小艾，才交了一个疼你的男朋友，在这儿跟着瞎感慨什么?

小艾说，生活就是难啊，我和男朋友见一次面要坐十几个小时的绿皮火车，如果坐高铁或者飞机吧，这个月就得伸手向父母要钱了。说着，她还重重地叹了口气。

我有个朋友快失业了。

大学毕业，她在一家设计公司做设计，一做就是两年。公司之前的福利还不错，每个月都会组织旅游，每周双休，工作的时间也不多，公司的其他同事都会在工作之余接点私活。

她没接过，一是觉得自己的工资足够自己吃喝玩乐，二是觉得接私活这种事太麻烦，不值得。

今年公司不景气，已经连续几个月都开不出工资了，她花光了自己这两年的积蓄，想出去找个工作。

面试了几家公司发现，她应聘的工作不是比现在的工作时间长，就是比现在的工作工资低，找工作这件事，简直陷入了僵局。

朋友很苦恼，不知道自己接下来应该怎么办。

其实，她现在的工作工资也一般，在同行业里不算高，按理说，两年的工作经验，再加上她科班出身，之前的底子不错，随便跳槽到一个小公司，都能找个主管之类的工作。

如果她想继续做设计，在这个二线城市里也有专门的设计公司，待遇挺好的，工资不翻倍，至少也能涨上不少，再不济去一个和之前差不多的公司，也不至于失业。

朋友一脸无奈地说，这些工作好是好，我也试了试，但是好的工作应聘不上，差的工作我又看不上，人生真是艰难啊。

朋友的工作我多少了解一点，之前一起吃饭的时候总听她炫耀工作多么多么轻松。

这两年的时间，自己几乎没有动手设计过，领导分配的工作，拖到最后才马马虎虎地随便交上。如果催得紧的活，她就会套模版，也不管质量好坏，秉承着完成的工作就是好工作的原则，赶紧逛逛淘宝，看看韩剧来安慰一下自己。

所以两年下来，她并没有太大的能力方面的提升。

在私企里，工作变动之类的事情好像每年都会有，当初同一批工作的同事，薪资一样，能力差不多，有些人慢慢地水涨船高，时不时还会被别的公司过来挖角，有些人却面临失业的危险，再找一份工作比刚毕业时好像还艰难。

我这个朋友和我说，现在大市场不好，公司都不太景气，所以工作不好找。

听她这么说，好像找不到工作也在情理之中，赚钱这种事听起来还是蛮难的。

我有一个工作室，写软文、文案之类的，来我这儿接兼职的基本上都是天南海北的姑娘，平时接触不多，聊的东西也大多都是和工作相关的事，但从合作过的几次文案来看，她们都有几个特点：聪明、肯学、靠谱、敬业。

有一个写手的本职是设计师，是做路桥设计的。这种设计师忙起来的时候没日没夜，各种通宵熬夜，而且马虎不得。因为她们设计的每一张设计图都要签上自己的名字，终身制，出了问题自己要负责，所以工作项目的压力还是挺大的。

还有一个写手是做运营的，带着一个初创团队，起步阶段都不容易，一切事情都得手把手地教，各种混乱，时不时就开会到十二点，一言不合就加班，加班到凌晨也是常有的事。

两个人都是姑娘，姑娘细心，合作这么久，她们给我写的东西都会按时按量地交稿，且有什么问题也会提前沟通，如果有些长期的项目，每天要做的话哪天出了问题也会提前和我打好招呼，合作起来非常省心。

从没有出过大问题，且我给修过稿子之后，她们下一次交稿就会有明显的进步。我开始以为她们是大学生，时间多，学习能力强，可以每天只专心地写写文案，不用考虑其他的事情。后来我才知道，原来两个人的主职工作压力都挺大的，工作强度又高。

说实话，我挺佩服她们的，工作这么忙还能挤出时间来接兼职。

合作得久了，彼此私下里也熟悉了。我问过她们的工资，原来两个人的本职工作都月入过万。写写文案之类的兼职都是用来买包和日常开销的零花钱。

听了她们的收入后更是敬佩，私下里我都叫两个人偶像。

之前的时候，我也给我那个找工作的朋友提过意见，劝她平时没事的时候做个兼职，或者好好学个本领。毕竟她的工作也不忙，学到手的，才是自己的，日后无论是再找工作或者自己做点喜欢的事，也都用得到。

朋友很倔，她说兼职不好找，本领懒得学，还是走一步看一步吧。

我和那个兼职文案的桥梁设计师聊天，聊到她为什么要这么拼，她和我说了一句话，现在刚毕业就想苦点累点，没事的时候多学点东西，等过几年之后，人生能多点选择。

同样的时间，有人把每一分每一秒都利用在开拓进取上，有人却把每一分都浪费在原地踏步上。这两种人在短时间内也许看不出有什么差距，差别无非是一个人多吃了包薯片，胖了一点点，一个人加班到深夜，瘦了小半斤。

几年以后，当同样的机会再摆到面前时，原地踏步的人还在原地踏步，而开拓进取的人早已经成为身经百战的将军，一身都是好本领。

那些抱怨生活太难的人不是在无病呻吟，他们的生活是真的难。

可再仔细想一想，谁的生活又不难呢？

所有人都是在人生的马拉松竞跑的人，有的人跑着跑着提了速，有的人跑着跑着就去看路边的小野花。

有人在学习的时间玩手机，工作的时候刷韩剧，也有人在暑假的时候留在学校准备考研，整夜整夜地加班赶进度，工作之余，都还在拼命学习，给自己充电。

抱怨生活的人都是生活中的弱者，郁郁不得志，只会更不得。

真正自强的人没时间抱怨，他们只会在别人抱怨的时间里多写一份文案，多想两个创意。

有些人慌慌张张，人生却越走越窄。

有些人看似不慌不忙，其实所有的计划都有条不紊，反倒成了人生的赢家。

差距在哪里，我们都知道。

一步步走到这般境地，其实，我们都明白为什么。

## 那些早起教会我的事

我之前通过豆瓣的同城小组加了一个群，叫作大家一起泡图书馆。

第一次参加活动，开始信心满满，一实践才发现假期泡图书馆这件事太凶残。

通常我都是十点钟才出发，等我到了图书馆，已经没了座，几天下来，都是这样。

但是，每天早晨，这个群里总有一群人在群主的组织下，组团去泡图书馆。

我都不知道，他们是几点起的。

我冒死早起了一次，赶在图书馆开门的时候进了图书馆，有座。馆里稀稀疏疏的几个人都是小组中的小伙伴，也是在这次，顺便认识了群主。

群主是一位姑娘，每天五点半起床，跑步半小时，然后自己做点早餐，看一小会儿书，之后再来图书馆，她有一辆自行车，每天都是骑车过来。相比之下我的生活就显得堕落许多，冒死的一次早起，于别人来讲都是日常。

这次早起，本来以为会很艰难，也确实，早晨起床是一件考验人意志的事。但是我发现，这一天下来，看书的效率确实很高，而且感觉时间也比平时多了不少。

中午吃饭，大家在一起闲聊，我又听了群主另外的一个故事。

不愿意过朝九晚五的生活，觉得上班就这么困着没前途，辞了工作，买了张办公桌，打算做自己喜欢的事，在家写点文章，顺便接个软文。

开始的时候钱赚得很少，也不稳定，每个月减去房租和水电费，剩下的钱就只够她去楼下吃面，很长的一段时间里，她都在吃面中度过。吃出了心理阴影，路边听到叫卖烤面筋的声音，都得快走两步。

因为不上班的原因，她的作息特别不规律，经常晚上写东西，白天浑浑噩噩。

生活所迫，日子穷得实在过不下去，但是她又不想放弃理想，就找了个兼职，贴补生活。

之前学的编导，在艺考培训学校面试成功做兼职编导老师，收入还可以，上一上午的课可以有一百五左右，一周大概有三节课的样子。但是上课的地方距离市区很远，顺畅的话需要坐一个半小时的车。

因为学校的学生课程安排的原因，艺术课都在上午，下午上文化课，所以她每天如果八点去上课，保证不迟到的话，她每天五点多就要起床。

刚开始还好，一腔热血，猛地一起也能起来。结果连着三天早起去上课，第二天、第三天就各种不想动，各种睡不醒，不想起。

上了一周课就入冬了，天气越来越冷，北方冬天里的被子，也最是迷人，她越来越起不来，走到公交站牌的路上，天都还黑着，连卖早点的都还没出摊，只能到了学校再去吃早餐，越来越心疼自己。

有的时候，前一天晚上接了软文，写到十二点多交稿，再备课，备完课的时候就一点多，接近两点。刚躺下没多久就又要起床，整个身体在起床的时候像针扎一样疼，全身的细胞都在抗议。

辞职前的工作就在住的地方附近，而且早晨不打卡，所以她经常早上十点才慢悠悠去公司。

这次，她这么硬扛了一个月，心里很不愿意，但是又没别的办法，觉得生活太艰难，自己太辛苦。

但是，每次不管起床的时候、等公交的路上她有多么不开心，等她上了公交车心情都会好一些。因为公交车上人虽然不多，却总有十几个和她一样早起的人。

倒第二班公交车的时候，就到了上班的时间，车上一般就没座了。这个车上的人都是和她一样，需要坐车出了市区去上班的人，她每次都会坐在后排靠窗的位置，和她经常一起坐在后排的还有两个姑娘。

有一次她听旁边的两个姑娘聊天，才知道，她们原来和她差不多，都是五点多起床，不一样的是，她们是一周六天都要这样，而她只有三天需要早起。

瞬间她就不觉得自己辛苦了。

后来生活好转，她辞了兼职。

因为之前养成的吃早餐的习惯，每天到了点都会不由自主地被饿醒。

她每天都会早起，晚上也很少再熬夜，结果发现，白天写稿的效率比之前高多了，整个人都换了一种新的精神面貌。

讲故事的人问她这两年来早起的感受，她说最大的感觉就是，会觉得这个世界都是新鲜的，自己每天也是活力满满。

我在学校上课的时候，身边也有几个早起的同学，有人早起跑步，有人早起看书。

早起跑步的和我说，他能听到虫鸣鸟叫、万物生长，这和平时是一个不一样的世界。

早起看书的朋友告诉我，早起带给他最大的好处是，你再也不用踩点上课和担心迟到，上课的时候你也不会想睡觉，而且早晨的记忆力最好。

很早之前，我不是一个习惯早起的人，如果前天晚上睡得晚，第二天没有什么要紧事，我常会拖到十点钟起床。

可是我发现，我无论是十点钟起床还是十一点起，我都会在半睡半醒间劝自己再睡一会儿，起得晚并不会提高睡眠质量，而且在起床后一定会腰酸背痛，一整天都处于一种睡不醒的状态，生活质量也会大打折扣。

相反，我早起的时候，生活又是另一幅面貌。可以利用早起的这段时间看会儿书，吃一顿自己喜欢的早餐，感觉这一天的时间都会被拉长，之后无论是去自习室或者做一些其他的事都会觉得很满足。

大三学校安排实习进了一家电商公司，部门领导说过一句话，每天早起十五分钟，你的生活会变得很从容。

我之前的状态是能多睡一会儿，绝不浪费每一分每一秒睡觉的时间，直到最后一个闹钟响起，自己还在睡眠的状态中不想醒来。极不情愿地简单洗漱，连早餐都来不及吃就赶紧去挤公交。

我当时感受到的都是生活对我的恶意，路上比往日堵得久了一点，上班就会迟到。每到十点一定会饿，饿得难受心里就只剩了一个念头，快点下班，上午应该完成的工作也只能推到下午再做，而下午的工作却总要加班来完成。

时间久了，整个人越来越糟糕，总觉得一天很忙，应该做好的事总也做不好。

当时的领导每天六点起床，逛公园，吃早餐，八点上班，他都会提前十分钟到公司，每天的工作他都处理得有条不紊，从没有见过他因为某项工作完不成很着急。

下班之后他还会去健身，自己做饭，之后看一个小时的书，十点钟准时睡觉。

听说，他是同期入职的职工中的业绩第一、升职最快的人。

某一次吃饭，我和他聊起他说过的早起十五分钟的那句话，我说我觉得生活并不会有太大改变，他鼓励我试试看。

我没有早起十五分钟，我比平常早起了半个小时。

那是我工作半个月以来第一次吃早餐，公交车虽然还是和平时一样挤，但我却没了平时的紧迫感，根本不不用担心时间来不来得及，路上堵不堵车。

那是我第一次提前五分钟到公司，擦了擦桌子，给前两天买的植物浇了浇水，之前一直都没有给它浇过水的缘故，它看起来有点蔫，当时还有点小自责，好好的盆栽跟着我受了这么大的苦。

这也是我半个月以来第一次没有在上午的时候饿肚子，也是我第一次没有加班。该完成的工作都提前了半个小时完成，在下班的时候我就在想，晚上要不要去看个电影。

果然，早起之后的生活不一样了。

唯一难的就是坚持，我后来有过想懈怠的时候，但是还是到了点就挣扎挣扎最后还是起床了。

实习结束，我仍然坚持着每天早起。

后来我发现其实早起不是一种行为，它是一种你对待生活的态度，是以积极的心态去完成还是以拖延的姿势来对待。

我实习结束不久，就听说当初的领导升职了，被调到了北京总部。时不时地还会看到他在朋友圈晒书单和计划。很早之前我一直都很好奇每天这么忙，他哪来的那么多时间和精力来健身、看书，自从早起之后我逐渐明白，只要能够在规划的时间内完成应该完成的事，生活自然就会越来越从容。

早起的人更自律，能够早起的人通常都会对自己有更高的要求，他们会对自身的发展和个人的生活有一个清晰的规划，什么时候工作，什么时候生活，用多久的时间给自己充电，提升自我。这样的人，才更能享受到生活中的乐趣。而如果因为起得晚生活总是一团乱麻，这样的我们一定不快乐。

习惯了早起是一个很难的过程，但是一旦习惯了，就会觉得，还好吧。到了早起的时间还没有起床反而会觉得浑身不自在，没有了之前的起床气，也不会觉得起床是一件痛苦的事。

之前有人问过我早起的收获。

我觉得，能从容地吃早餐真的是人生莫大的幸福。

## 致坚定不移前行的人

之前的一个读者分享过一个故事。

她是一个南方姑娘，在北方读书，因为考研的原因，假期没有回家，留在大学所在的城市学习。

她一般都会早晨七点起床去跑步，泡图书馆，到了晚上吃过晚饭再去健身房。

那天她从健身房出来，外面刚下过大雪，从健身房到她住的地方有一段距离，可是那天她忽然不想坐车了，想自己走回家。刚下完雪的天不算冷，但时不时会吹一小阵风，夹杂着小雪花吹进衣服里，吹得身上凉飕飕的。迎面走来一对情侣，两个人都戴着厚手套却还牵着手，她当时在想，这样牵手根本就感觉不到对方的温度吧，但牵着个人也还是会让自己更踏实。

她和男朋友是异地恋，到今天两个人已经坚持了三年。她当时的两个目标，第一个是等男朋友毕业，来这座城市找她，第二个就是考研。衣服没有口袋，手在外面冻得通红，她还是拿出手机录了一段小视频给男朋友发过去，她说这里下雪了，有点冷。男朋友催她赶快回家。那一刻她特别想他，想家人，但是她要留在这里准备考研。她忽然不想走了，在路边站了好久，才叫到一辆车。

有的时候她也会觉得自己很辛苦，每到这时候她就会自嘲地笑一笑，对自己说你要活得像一棵树，站在生活的风雨里，每天长高一点，长壮一点，直到有一天，风雨再吹不动你。

她每天都会早起，包括周末。一个人上课、学习、锻炼以及去图书馆占座。讲到这儿，她说，其实一个人也有好处，例如更好找位子，自己看书想看到什么时候就看到什么时候，也不用考虑小伙伴的感受。

我不知道这时候应该说点什么。顿了一下，她继续说："其实生活中有好多人比我努力多了，例如我去健身的时候，有的人已经在健身房锻炼了好久；图书馆里有一个姑娘中午经常不回家，只在附近简单吃点午饭就继续回图书馆看书。每当我看到她们的时候就不觉得自己辛苦和孤独了，因为在你觉得自己累得坚持不下去的时候，总有比你更累的人还在坚持前行。"

她在和我讲这个故事的时候，已经在读研究生，男朋友也来到她读书的城市工作。

她最后和我说："其实你只要坚定着信念走下去，走着走着，你就能发现眼前一大片光明。"

我记得我曾看过一篇关于张一山的报导。

2005年，年仅十二岁的张一山因出演《家有儿女》一夜成名，成为备受大众关注的童星。后来他考到北京电影学院，也出演过几部军旅作品，却一直反响平平，甚至一度被观众吐槽为“长残的童星”。

他不懂圈粉，也不知道包装自己，有人问过他对自己的定位，张一山说自己不是偶像，就是一爱演戏的纯爷们儿。《余罪》在播出前，还因缺乏惹眼的阵容而悄无声息，在开播的前一天，张一山发了一条宣传的微博，整整一天只有寥寥的一百多条转发量。人们对他的印象还都停留在《家有儿女》中的刘星，至于后来做了什么，又有哪些发展却鲜有人再关注。按照道理说，像他这种少年成名的人只要用点心，经营经营自己，吃个明星饭不成问题，他没心思将时间花在这些表面功夫上，他只想好好演戏，学好本领，用《喜剧之王》中的一句台词来讲，我是一个演员。

不温不火那些年，他一直在锤炼自己的演技。在北京电影学院上学的时候，其他的同学都在迫不及待地推销自己，而他却主动从公众视野里销声匿迹，几乎只有寒暑假的时候才会出去接戏。

拍《余罪》的时候，他要求经纪人把剧本印成单页，前一页看剧本，后一页做备注。他在之前做了很多笔记和功课的前提之下，每晚最少还要两个小时研究人物才能睡觉。

在出演《家有儿女》至今，他一直有拉片的习惯，一格一格地看电影，每一个镜头都要解读和分析，私下里更是刻苦，一直研究怎么更好地演戏。

他几乎没有出演过偶像剧，也拒绝向公众分享自己的私生活。经纪人说：“艺人是需要运作的，要有话题，要炒作，而不只是说我要努力去怎样怎样。”

张一山觉得这些是旁支左脉，他不想有的没的，就想把戏演好，做一个好演员。

厚积薄发。

他在《老炮儿》中友情客串五分钟的北京小痞子，观众直呼演技爆棚。饰演《余罪》中的男一号，他的演技更是征服了所有观众。

人们常说艺人就吃几年的青春饭。我觉得像张一山这种靠演技吃饭的人，想吃几年就吃几年。

接受采访中，张一山这样描述演员："对于演员来讲，主动权是掌握在别人手里的。这个就要看演员的运气，人家把这么好的角色交给你，有的时候就是因为对上眼了，感觉不错，愿意把重任交给你。"

演员这条路，谁也不知道会经历怎样的曲折，也许他还会经历像他之前的几年不温不火。但无论如何，自己能够把握的只有锤炼好自身，然后坚定不移地走下去。

汤唯是我很喜欢的女艺人。

喜欢表演，为了考中戏只身来到北京，在中戏旁租了间小平房备考复习却不太顺，一考就是三年。大学期间学了表演、播音、美术，一步一个脚印，努力向前走。

后来她出演了李安执导的《色戒》，大红大紫，直接将她送到金马奖的颁奖台。当时人们对她的评价是"上天眷顾的幸运儿"，没有人看到她曾经的坚持和努力。一脱成名，床戏成名，《色戒》成就了她，但之后她面临的结果却是被封杀。

封杀后的艺人完了，她不会再火了，她不可能在表演这条路再有什么前途了。

转型吧，换个职业，汤唯说，不。

她去了英国，带着全部身家。本打算找个学校读书，去了之后才发现，她的英语水准达不到英国大学的水平。另一个原因是，英国大学的学费高，她掂量了一下自己的钱袋，也就放弃了自费就读的打算。

之后她报了个语言培训班，专攻英语。她的目标是以最好的成绩拿到伦敦大学的最高等级奖学金，有了这笔奖学金，她就能免费上学。

其实在到了英国之后她就放下自己曾经大红大紫的身份，既然跌倒了，那就重新再来。

她在街头做另类时装秀，用油彩在脸上画出京剧脸谱，替路过的人画肖像，靠自己赚得的收入，让生活过得不那么拮据。

后来她在街头表演行为艺术的时候遇到韦恩斯坦兄弟电影公司总裁Bey Logan，她那天很开心，倒不是因为Bey Logan称赞她有创意和美感，而是因为她可以用英语很流利地跟他沟通。

通过Bey Logan的引荐，她认识了英国本土影视界的资深人士，之后她又认识了伦敦时装设计周的著名设计师加雷。她成功了，2008年终于走上了“伦敦时装设计周”，她成了加雷的“御用模特”，做了一周的模特，拿到的薪水是两万欧元。

后来汤唯再回国，2010年出演小成本电影《月满轩尼诗》，在中国内地上映，成功“解禁”并捧回了华语电影传媒大奖，再之后出演

《晚秋》，主演《北京遇上西雅图》，她又再次出现在公众的面前。

几年以来谈起汤唯都是全裸、被封杀、幸运。不被理解和生活对她百般刁难，经历过人生的大起大落，也在大红之后，为了生存，在生活的泥潭里挣扎过。大多数人在经历这些后都是消沉，一蹶不振，东山再起的人不多，而她，做到了。

她不是一个幸运的人，但坚持下去，总能看到希望。

我从来没想过夸大坚持或者努力的意义，虚无缥缈的命运无法把握，买饮料都不会中“再来一瓶”的我们更与幸运无关，既然命运从未善待过我们，除了坚持下去，我想不到还能再做什么。

至于坚定不移走下去最坏的结果，最坏不过大器晚成。

Chapter 2

# 你若得过且过，哪有来日方长

## 每一个不努力的时刻，都是对下一刻的抱歉

人们常说一句话，只要你想努力，什么时候开始都不晚。

这句话，不知误了多少人。

有人三岁学琴，六岁作曲，十一岁完成了人生的第一部歌剧，十六岁就被任命为萨尔茨堡宫廷的管风琴师，这个人叫莫扎特。

有人从小学画，九岁处理高难度的作画细节，十四岁画出的作品已经成为西班牙艺术史上最棒的画作之一，这个人叫毕加索。

在我们还未理解努力是什么意思的时候，他们已经在某一领域成为佼佼者，我们还确信只要想努力，什么时候开始都不晚吗？

如果说他们都是天才，少年起就表现出了惊人的天赋，所以才取得成功。

那么我们资质平庸，找不到自己任何的闪光点，为什么此时此刻还不去学习？

有句话叫，人丑就该多读书，这句话确实很难听，刺耳扎心。

但是还要看到另外的现实：比你漂亮、比你聪明、比你优秀的

人，同样也比你读书多，比你更努力。

所以，为什么此刻还在纠结这句话是不是针对我，自己到底丑不丑，为什么还不放下镜子，放下手机，去准备你考了三次也没通过的英语四六级？

有人说这些名人都太遥远，那我们仔细想一想，在我们身边是不是也还有一些这样的同学。

他们在大一的时候就坚持每天背单词，练听力，在我们还为英语四级担忧的时候，他们已经在为明天的雅思做准备。

还有些人大学四年从未逃课，在我们周末睡到十点的时候，他们照常七点钟起床，背上书包，赶去自习室上自习。

有一刻我们忽然想锻炼了，急吼吼地呼朋唤友，拉上和我们一样胖的室友去操场跑步，跑了两天，我们坚持不下去，扔下室友一个人，孤零零地在操场跑步，一跑就是四年。

这些人，在我们还未考过四级的时候，他们已经过了雅思；在我们为期末考试焦头烂额的时候，他们已经预习完下学期的所有课程；我们说过太多次明天开始加入小伙伴锻炼的队伍，最后和你一起锻炼的小伙伴的身材都令你艳羡不已。

而我们的状态是怎样的？

还有一个月期末考试，先从容地打几局游戏，过两天再开始复习；

还有两周期末考试，到现在连书都没翻过几次，不管了，今天打最后一天游戏，明天就去自习室学习。

后天考试，我一边打着游戏，一边想着明天的复习计划，明天最后一天了，明天一定要早起看会儿书。

考试前一天的晚上，我们才放下游戏，默默地走到楼下的打印店，将复习资料缩印成明天考试的小抄。

我们会在每个学期末发誓，下学期一定要好好学习；我们也会在打了一天游戏、刷了一天韩剧之后自责不已，发誓明天一定要努力。

太多人将“只要我想努力，什么时候开始都不晚”作为今天拖明天、明天拖后天的借口，最后拖不下去，不了了之。

其实这句话想要传达的意思是，只要你现在努力，一切都不算晚。

我们要知道，其实每一个不努力的时刻，都是在对下一刻说抱歉。

我的一个朋友去年毕业，大学学的法律。面试了几份工作屡屡碰壁之后，朋友一脸伤心地问我，我现在准备司法考试，还来得及吗？

我说，如果你好好准备，九月份考试应该没问题，如果你还要工作，时间不多，那从现在开始准备，最差明年也能过了司考。

我给他的回复不是在安慰他，因为我确实有几个同学是准备了两个月就考过了司考。

他从网上买了一堆教辅资料，和我说，从明天开始，就备战考试。

过了几天，我在刷朋友圈的时候，看到他发了一条动态，“广州美得就像王家卫的电影，但银川的风景也让我沉迷。”

原来，他这几天也没有准备，而是跑去旅行。

临近考试，他也结束了他的毕业旅行。

我和他说，你这几天多看看书，准备准备，也许司考当天考神附体就通过了呢。

朋友觉得自己希望渺茫，打算放弃。他和我说，还是算了，过几天我再着手准备司考，准备一年，第二年再去参加考试。

果然，这一年朋友也没看书，他总能在自己需要看书的时候给自己找一个不用看书的理由。

我估计这一年的司考他又要不了了之。

其实朋友考不过司考都在意料之中，毕竟他喊“准备司考”的口号已经喊了四年。

大二临近放假，他在群里发了条消息：备战大四司法考试，拒绝一切社交。

晚上，他还列出一份学习计划放到群里。民法、商法、国际法，列好考试科目，列好复习时间，什么时候做练习题，什么时候背法典，时间规划到分钟。按照他的复习节奏，一年的备考，司考没有不过的可能。

大家纷纷给他的学习计划点赞，为了不打扰到他的备考，我们假期的所有聚会都不准发朋友圈。

然而，暑假第二天大家就都接到他的电话，约我们去唱歌。

我们很诧异，问他，你这个假期不是要准备司法考试，拒绝一切社交吗？

朋友云淡风清，嗨，还有一年才司考呢，下个假期再准备也来得及。

第二个假期、第三个假期，朋友都没有准备考试。照例在每个假期来临前给自己做满满的计划，结果也和第一个假期一样，总能给自己找到各种理由，说服自己以后再复习也来得及。今天约小A唱歌，明天约小B打游戏，每天约着不同的人，在他眼里，看场电影都要比准备司考更重要。

起初，朋友们还会劝他几句，督促督促他的学习。时间久了，他也不放在心上，朋友们也就不再自讨没趣。

最后一个暑假，其他的小伙伴或留在学校准备考研，或找了单位实习。

他想起自己大二时的雄心壮志，终于觉得时间紧迫了。报了个班，每天从八点上课，十一点下课，坚持了两天，觉得自己太辛苦，应该出去玩几天犒劳犒劳自己。

一个人懒惰久了，真的是努力一点就能感动到自己。

看到云南三日游在搞特价，安慰自己说，等从云南回来就好好学习。

从云南回来，他又去了西藏，去了四川，一整个暑假都在游山玩水。

我问他还要不要参加考试的时候，他正在外地逛美食。

他一边吃着东西，一边含糊不清地说，考试啊，等我回去就该好好复习了。

晚上，他在朋友圈发了条动态，“人生苦短，及时行乐。”

浪荡一年，他在面试了几份工作之后屡屡碰壁。父母托人帮他疏通了关系，给他找了一份在法院实习的工作。

父母为他的工作操碎了心，又是请他的领导吃饭，又是笑脸相迎地和领导攀关系。终于等到了一个转正的机会，但转正的最基本要求就是一定要取得法律职业资格证书。

朋友后悔不已，四年的所有不努力，最终只能在下一刻的机会来临时说抱歉。

我们太聪明，总能给自己的不努力找到合适的理由。

今天的工作没做完那就明天再做，明天再做不完那就后天，反正工作是永远都做不完；今天没有看完的书那就放在一边，下个周末再看，心情好了再看，过了一个月，书上都落了灰尘还是没有再翻过一眼。

会有负罪感吗？

当然会有，其实每一个人在给自己的不努力开脱之后都会自责，告诉自己，下一刻一定要努力。

你看，我们也不是不努力，只不过我们的努力都在下一刻。

之前和一个学神聊天，学神每天都是动力满满，看书、学习、刷题，自习室一坐就是一天。

我问学神，你每天都这么努力，有什么激励自己的秘诀吗？

学神十分惶恐，我哪里努力了，晚上我经常看剧看到十一点，第二天赖到七点才起床，某某本书我研究了半个学期还没有学透。

学神还没有学透的这本书是他们下下学期才会学到的教材，学神在跨年级学习，还觉得自己不努力。

学神的话让我一阵无语。

懒惰的人努力一点就以为自己在拼命，而真正拼命的人永远都在嫌弃自己不够努力。

我换了个问题问学神，那你觉得像我们这样的学渣，现在开始学还能不能跟上学习的进度？

学神说，别去想跟不跟得上进度，学无止境，如果基础差，那就从最基本的开始学起。

我忽然想起胡适说过的一句话，“怕什么真理无穷，进一寸有一寸的欢喜。”

还未毕业，学神就已经被保研。我恭喜学神的时候，学神和我说，他放弃了这个名额，因为他想参加工作。

最终，学神收到几份不错的offer。我知道，无论学神选择怎么走，他都会得到自己想要的东西。毕竟，命运不会辜负每一个时刻努力的人。

考司法的朋友拖了四年也没过司法考试，学神每天动力满满地学习还始终觉得自己不够努力。正确的态度应该是怎样的？

你想考雅思考托福，此刻起你就应该给自己明确计划，每天背一百个单词，背不完就不吃饭。

在职场想要升职加薪，就应该付出比别人更多的努力去赶方案，想创意。

羡慕朋友的身材，自己也办了一张年度健身卡，就不要再想从明天开始我就去健身，此刻就应该在前往健身的路上。

当想要努力的时候，请不要再顺便给自己找一个借口，今晚美剧更新或者今晚要参加聚会，从明天起，我再开始努力。

人生，能有几个明天可言？

如果想努力，请从此刻开始。

要知道，每一个不努力的时刻，都是对下一刻的抱歉。

## 我们应该把生命浪费在折腾上

我有一个发小叫李静，名字中带静，骨子里却喜欢折腾。

小时候起他就好打架，整天拎着棒子找人切磋，同年级的小伙伴他都是一挑二，追着别人满街跑。四年级那年，他的妈妈送他学了跆拳道，之后更觉自己厉害得不行，没事就爱在我们面前露两手。跆拳道这东西，没有观赏性，我们问他有没有什么好看的，他想了想，找来块木板，一掌劈下去，木板成了两截，当年年纪小，徒手劈木板这事在学校传了好久。

从小学到初中他一直在学跆拳道，初三那年，代表他的道馆参加比赛，拿下华北赛区第一名。我和他做了三年的同班同学，他的成绩不怎么样，练起跆拳道来还挺积极，每天晚上还没放学的时候他就开始收拾书包，等着放学第一时间冲出去，骑着自行车就往道馆跑。他不爱上学，初三毕业，就不读书了，在道馆里当起了教练，每个月的工资不高，但也足够他日常开销。

当时觉得他蛮可惜的，小伙子聪明，做事也利落，但他对上学这件事就是提不起兴趣，我觉得他应该出去看看，他说以后会有机会，出去看看又不是只有上学这一条路。

高二我有一段时间走读，在去学校的路上，有几次遇到他。他穿着一件深蓝色的工作服，从我对面跑过来。当时我是诧异的，在我的印象里他应该穿着道服，系着黑带，教一帮小孩子们踢腿。我问他："不做教练了？"

他咧嘴笑了笑："不做了，我在一家化工厂上班，当教练挣得钱少。"又聊了点其他的，他和我说虽然不做教练了，但是每天还是会跑步上下班，路过公园的时候就进去练练。

他上班的那个化工厂我知道，力气活，每天都要搬成吨的颗粒，挺累的。其他在化工厂上班的小伙伴每天下班都累蔫了，无精打采的。可是看他的精神状态就蛮向上的，上班之余还会跑步锻炼。

因为我要迟到了，也没再和他多聊。我在路上的时候想起他，又是一阵唏嘘，觉得一入工厂深似海，再能折腾，一辈子可能也就这样了。

后来我不再走读了，半个月放一次假，我回家的时候他们都在上班，也就没了联系。在我刚读大一的那一年，听说他不上班了，赶上征兵入伍，去南方当了兵。

我身边有两个当兵的小伙伴，每次给我打电话的时候都会抱怨部队生活苦，太无聊，每天不是拉练就是跑圈，没意思，一直都在盼着两年后回家。

或许是兵种问题，我看李静的军旅生活就要比我的另外两个当兵的小伙伴热闹许多，他们都用不了手机，李静还会偶尔发个朋友圈，又是上天，又是下海，晒晒自己新抓的螃蟹，还有他们在海底拍的各种叫不上名字的鱼。

有一大段我都以为他是在度假，不然怎么会有这么美润的军旅生活。

去年年底我回家，正好赶上他回家休假。好多年没见，我约他出来吃了个饭。

我和他打趣："你是借着当兵的名义跑去度假了吧，看你每天都生活得这么滋润。"

他给我看了他的另外几张照片，后背像是烤焦一样，脱掉两层皮，红红的渗着血丝。他说："三亚的夏天特别毒，这是我们在外面拉练。"

顿了一下，他接着说："当兵的没有一个不苦的，这几年我飞过新疆，执行过任务，立过一个三等功，在执行任务的时候还负了伤。那次的任务还签了生死状，之前我对死亡的理解很浅，觉得死亡一定是一件漫长的事，后来在执行任务的时候战友差点死在我身边，我忽然觉得，死亡也就是一瞬间。那次我们回去喝了酒，几个战友搂在一起都特别庆幸能够活下来。"

当时我听到他说这段话的时候感触很大，和平的年代想象死亡这件事确实有点遥远，可这些他们却在确确实实地经历。他没和我说是什么任务，签生死状的这种，虽然好奇，但是他没继续说，我也不知道能不能详细问，就没有问。

我问他："那你打算回来吗？"

他和我说："我还没过够这种上天入海的生活。"

前一阵子，他在朋友圈又晒了几张照片，有三亚的黄昏，有海底的珊瑚，有他们在海边的拉练，也有模糊的持枪照。照片上还配了一句话：我们应该把生命浪费在折腾上。

大二的时候，营销的老师和我们说过一句话，"大学也有三好学生，生活玩出花样，恋爱谈出技巧，还要会抢工作，是抢工作，不是找工作。"

英语老师也说过类似的话，"你们可以不来上我的课，但是你们要告诉我你们做的这件事比学英语更有趣。"

当时，我正在英语课上昏昏欲睡，听到这句话，简直就想立刻跑出去。

可是啊，那个时候，我也不知道我该折腾点什么。

我的另一位朋友，专业学的计算机，大学的时候在花店打工，学过两年插花，大学毕业，回了老家当小学老师，又开始了她的教师生涯。

有的朋友说，她的生活挺乱的，没有什么明确的目标，学的专业和做过的工作又都跨着几个大行业，八竿子打不着。我倒觉得她活得挺有意思的，她也和我说过，她的每一个选择都是她曾经喜欢过的东西。

在老家当了一年的小学老师，觉得这种可以预见下半生的生活没意思，辞了工作，买了几本书开始到处旅行。

她不喜欢在一个景点玩上几天就赶去另一个城市，在她看来，这种为了旅行而旅行和朝九晚五地在上班没什么区别。她每到一个城市都会停下来，不住旅馆，找一家民居的合租房，住上两个月，她不喜欢逛景点，更喜欢融入到这个城市的人群中，了解它的文化。在外漂了两年，也认识了不少和她差不多的江湖朋友，每年的春节她都会收到他们的明信片，还会有各地寄来的礼物。

漂着的时候大学的老师给她打电话，老师开了个花店，希望她能过来帮忙，技术入股。她之前有过插花的经验，也热爱花艺，买了张车票就又杀回了她的大学，经营了一年花店。

后来她又喜欢上了画画，报了个班学了半年设计。

朋友问她："你是怎么想的，做了二十多年的学生都没做够，这个年纪了还跑去学画画学设计。"

她回答："因为喜欢呗，什么也没想，喜欢就去学喽。"

之后，听说她在帝都找了份设计的工作。

其实有时候我挺羡慕她的，活了二十几年，折腾了二十几年，做过那么多自己喜欢的事。我就不行，想做什么事的时候总会想想值不值，和当前在做的事再做一个对比，放不开。

她和我说："你不趁着年轻多折腾折腾，怎么能知道自己更适合什么生活。只有把自己喜欢的事都做了，年老的时候才能不后悔，老胳膊老腿地坐在摇椅上，你才有资格给孩子们讲你当年的生活。"

有的人四年不见，再见他的时候你还会觉得他和四年前一样，什么都没有变。有的人只是隔了半年，再见面几乎都快认不出，就觉得他经历过好多事，人生一定很精彩。

有人说岁月是最消磨人的东西，磨平了兴趣，磨光了棱角，最终所有人都一样，忙忙碌碌在过活。

其实并不是，始终有一些人在吃着火锅喝着酒，做着自己喜欢的事，过着别人羡慕的生活。

该折腾时且折腾，人生苦短，及时行乐。

## 你若得过且过，哪有来日方长

有个人给我留言，讲他十八岁一个人来到大城市打拼，当初心怀梦想，干劲十足，工作之余常会摆个夜摊，希望能多攒下点积蓄，为创业做准备。

坚持了两个月，热情消磨殆尽，他觉得自己的生活应该更舒服一点，每天踩点上班，工作时间刷美剧，下班时间打游戏，偶尔想到自己初来大城市时的目标，喊喊口号打打气，还是该干嘛干嘛。

工作不走心，事业毫无起色，几年下来，看着老家的朋友都已经在老家买房买车，自己却只能在大城市满足基本温饱，不由地怀疑自己来大城市发展是不是个错误。

父母劝他回家，自己也有回家的意向，但想到自己在外面混了这么多年也没混出个名堂，又觉得回家脸上挂不住。

他很纠结，不知道自己是应该继续留在大城市奋斗还是回家发展，希望我能给他一个好一点的建议。

讲真，这个问题并不在于是留在大城市奋斗还是回家发展，于他来说，这句话的意思倒更像是留大城市打DOTA还是回家打英雄联盟。

倘若得过且过，在哪都一样。

在我们的印象里，回家朋友多，有亲戚，父母利用半辈子的人际关系给你求求人，也还能安排一份安稳舒服的工作。

但我们必须要承认的是，大城市相比于小县城更公平、更自由，这意味着你获得的机会更多，每一个上进的人更容易在这里得到自己想要的生活方式。

如果一个人在一个更广阔的世界混得不好，除了物价高、竞争压力大，最根本的原因还是要检讨自身，你在应该工作的时间有没有逛淘宝？你在工作之余有没有为了改变生活付出额外的努力？

像这种情况，踩点上班，工作刷剧，每天应该完成的工作尚且完不成，即使父母求人给他安排了份安稳舒适工作，最后的结果也逃不脱丢了工作，碌碌无为。

就不要再抱怨大城市是一个埋葬理想的地方了，理想在哪里都能被埋葬。

前段时间和一个野生导演吃饭，野生导演聊起他们之前招过的实习生，一直吐槽，现在的年轻人做事真的是太敷衍。

组里招过一个摄像助理，新毕业的大学生，没什么经验。摄像师让他提机器，换镜头。新人入组，总避免不了打杂的命运。

前两天表现还不错，换场的时候找其他人聊会儿天，看看演员，赶上了两天大夜，小伙子也没说什么。

第三天开始，小伙子新鲜感过了，工作的时候开始玩手机。剧组节奏快，任何小的失误可能都会导致这个镜头重拍，耽误了两次正事，摄像师说了几句，他全当作没听见，工作起来还是心不在焉，只要有个机会，他一定在偷懒。

后来出错了，摄像师数落了他一顿，结果这个助理不干了，当场反驳，说话特理直气壮的样子，最后说得摄像师自己把活干了。

休息的时候，摄像师找他，想教他点新东西，找遍整个场地，最后发现他躲在角落玩手机，他和摄像师说，现在还不想学，等有机会再向他请教。

这部戏还没拍完，小伙子嫌他们太累，甩手不干了。

剧组确实累，每天打鸡血似的工作十七八个小时，一言不合就大夜，一般人确实受不了。

不过，又想进剧组，又想不吃苦，这个工作还真是平衡不得。

这个小伙子后来的故事我就无从得知，但我想，他对待工作的这种态度应该没有一个老板会喜欢。

对待工作，人们喜欢谈努力，谈进取，却很少有人谈他应该做好的工作，聊一聊分内事。

不思进取，得过且过，能混一天是一天，这是许多人工作的常态。

其实不只是工作，生活中亦如此。

舅舅嗜酒，每顿饭至少喝上半斤，四十八度二锅头，喝开了就什么都顾不得，一个人也要把自己灌醉。

舅妈劝，表哥拦，拦不住。有的时候舅妈看他实在喝得太多，话说得重了几句，舅舅还会发脾气，两个人都在气头上，针尖对麦芒，互不相让。

舅妈说，你早晚会喝死在酒桌上！

舅舅听不进她的任何话，反复强调着，几十年来我就这么两个爱好，喝顿酒还要看你们脸色！

怒气冲霄，言辞激烈，吵架到白热化时一直都是舅妈最先退出，躲进房间抹眼泪。

她哭不是因为舅舅吼她，她是心疼这个陪了她三十几年的男人。

两个人走了半辈子，也因为喝酒吵了半辈子。气头上时，什么恶毒的话都说，等酒醒了，舅舅跑去道歉，答应以后少喝点，严重时也对天起誓，这是最后一顿。

舅舅年轻的时候更爱喝，当过厨师，烧得一手好菜。

厨子们聚会都不爱做菜。随便整俩菜，却也得喝很多酒。

几杯下肚，麻痹了大脑，几个人像是脱缰的野马，撒开了欢儿。

舅舅说，人生得意须尽欢。

然后就又喝多了，这一次高烧不退。

舅妈送他去医院，医生说，胃穿孔，以后少碰酒精。

舅妈在医院伺候了他几天，舅舅心里过意不去。答应她以后只喝白水，不碰酒精。

戒酒半个月，心里痒得难受，偷偷买了瓶牛二，把答应舅妈的事早就抛到九霄云外。

酒过伤身，他也知道。听过太多酒精致死的例子，他始终觉得自己不会是运气差的那一个，人生得过且过，戒酒来日方长。

我十五岁那年，舅妈给我妈打来电话，说舅舅喝酒把身体喝坏了，住了院。

那次昏迷，醒了之后舅舅慌了，这才开始真的戒起酒来。

但是时间久了，他又不再将自己的身体当回事。觉得自己是个没事人，烟捡起来，喝点小酒的习惯又重拾起来。

但凡嗜酒人的脾气，没有一个管得住自己，总是得过且过，哪有一个是真心肯戒。

年初，他又被再次送进医院。

医生说，下次再送来的时候，可能就再也出不去了。

我身边有太多得过且过的例子，只要过得去，就能过下去。

期末考试六十分及格，我决不会奔着八十分去努力；公司年度业绩考核，第一只属于他们，我又不稀罕；生病了只要能拖下去，就绝不会吃药；戒烟戒酒喊了几年的口号，也没见谁真的去付诸行动。

结果是什么？

毕业的要求是学科平均分七十六以上，所以我有的科目要重修；公司每年根据业绩发奖金时，我的奖金总是他们的零头；生病了不吃药，最后严重到不得不打点滴；空喊戒烟戒酒的口号，早晚都会因为烟酒付出不可挽回的代价。

包括我自己，能拖的事也会尽量拖到最后一刻。

但是，人生有些事，确实拖不得。

我没有建议读者回老家或是留在大城市，当然我给他的回复也不像前面所提的那么激烈。

留在哪个城市都并不能影响到我们的发展，真正能影响到我们的只有一件事：

我们愿意怀有怎样的态度来面对这困窘不堪的生活。

## 凭什么你要过将就的生活

收到一个姑娘的私信，大意是，父母催婚催得紧，又到了应该结婚的年龄，经人介绍了个对象，各方面条件还不错，父母也中意，但是自己对他没感觉。

姑娘有心分手，父母倒觉得这个男生靠谱，是一个可以托付终生的对象。

后来又有人劝她，和谁过不是一辈子，到了这个年纪，条件匹配，差不多就得了。

姑娘很纠结。

关于“要不要将就一段感情”这件事，我的意见是，不将就，不妥协。

喜欢你就痛快去爱，不喜欢就大步离开。情到深处，就来谈一谈有情人终成眷属，如果不爱，千万不要让这一纸婚书成为你不幸福的余生。

没有应该结婚的年龄，只有适合结婚的感情。国家没有立法规定女人到了三十岁就再也没有追求幸福的权利，前一阵子，四十岁的林心如也嫁给了小他三岁的霍建华。

我们该如何正确看待自己的感情？

《生活大爆炸》中，谢尔顿在霍华德和伯纳黛特的婚礼上这样说："人穷尽一生追寻另一个人类共度一生的事，我一直无法理解。或许我自己太有意思，无需他人陪伴。所以，我祝你们在对方身上得到的快乐与我给自己的一样多。"

所以，两个人在一起不是因为互相需要一段感情来填补自己的生活，而是因为我和你在一起比我自己独处时更快乐。

给姑娘回信的具体内容已记不清，类似于，"不要让年龄绑架了婚姻""不要让亲情绑架了婚姻""不要让物质绑架了婚姻""不要让流言绑架了婚姻"的几句话。

我实在不能想象，没有感情的婚姻该怎样熬过这漫漫余生。

拒绝将就，我们配得上拥有更好的生活。

我去年的时候参加过一个朋友的婚礼，新郎是我认识了六七年的朋友，新娘没见过面，据说两个人认识了不足两个月就走进了婚姻殿堂，其他人都惊叹于朋友的闪婚，说他一定是找到了真爱。

我问朋友，这是有情人终成眷属？

朋友"嗨"了一声说，到了这年纪还谈什么情不情，搭伙过日子，两个人都觉得差不多，凑合凑合就行了。

他才二十七岁，新娘二十五岁。

我有话想说，但两个人既然已经走到了一起，除了祝福，我也不好再说什么。

将就感情的人在生活中一定也是将就的态度，毕竟一生的感情都可以随便寄托，还有什么是不能将就的?

我和朋友一起跑步，朋友说鞋子不合适，想换双跑鞋。我建议他买双好一点的鞋子，耐穿，穿着舒服，还给他推荐了几款我中意的跑步鞋，价位适中，完全在朋友的经济承受能力之内。

朋友说他再想想，第二天，他在淘宝买了双五十块钱的运动鞋。

跑了两天，鞋子断底了，他说跑步太费鞋，索性不跑了。

朋友住的地方离公司太远，每天都要拿出两个小时的时间来挤公交和转车，挤公交成了他一天中最耗费精力的事。

他的工作不错，薪水也高。每个月的工资足够他在满足日常娱乐之后在公司附近租一间房子。

我劝朋友在公司附近找个地儿住，虽然房租高点，但省下坐车的时间和精力可以读读书，充充电，时间比这点房租值钱多了。

朋友觉得，一个住的地方，能凑合也就凑合了。

不出半年，他还是忍受不了这种来回颠簸的日子，最终辞了工作。

辞职之后，连公交都没得挤，生活更是不容易。

父母心疼他一个人在城市里太苦，希望他能回家，还和他说，你看谁谁家的孩子卖海鲜一年也挣了二十多万，话里的意思是他没必要太拼，回家托托关系，也能找份安稳的工作。

朋友觉得有道理。

这是大多数人都曾想过的一个问题，我留在大城市工作生活的意义是什么。

我记得他在毕业那年和我说过，他不喜欢一眼望到头的生活，他想给生活更多的可能性。

朋友说他想回家发展。

我劝他再坚持坚持，多想想自己的初心和梦想，咬咬牙，生活总会好的。

他和我说，不考虑了，生活终归还是要平淡点更好。

我看他去意已决，也没再留他。

结婚一年，朋友时常叫我出来喝酒，每次喝的时候我都拦他，毕竟是结婚的人了，家里还有人在等着他。

拦不住，每次喝过之后他都要说话。

他问我，你知道一段没有感情的婚姻是怎样的吗？

我摇头。他接着说，每天你睡着的时候想着一个人，醒来的时候看到的是另外一个人；你可以通宵打游戏也没有人催你睡觉；你想说一晚情话的时候，还没张口，就觉得自己矫情。

他干了一杯酒后接着说，结婚一年，我记不住她的联系方式，她背不出我的手机号。有的时候我就在想，如果我发生意外，丢了手机，连一个打电话的人都没有。

他说自己的生活，从没有快乐过。

那时候我就在想，将就大概是对自己最大的不负责。

将就着买了双跑鞋，结果鞋底断裂；将就着住在离公司很远的地方，最终因为来回挤公交便厌烦了工作；我们总在生活中对自己说凑合，将就了一件小事和另一件小事，最后的这些将就都会以另一种你再也不能接受的方式回报给你，怎么办，我们还要继续将就吗？

我们终会对将就的爱人冷处理，也会对将就的工作甩脸色。

你身边一定也有很多精彩的人生，凭什么我们就要过这将就的生活？

我认识一个姑娘，姓陆，名路。她觉得汽车太多，陆路不安全，叫我们喊她六六姑娘，取意六六大顺。

六六求顺，但不求稳，生活里就好折腾。坐几个小时的火车去另一个城市，就为了吃一顿喜欢的饭。

我和她是在一次活动中认识的，当时在做志愿者，累了半天，也没食欲，中午我想随便吃点什么，赶紧回来睡觉。

她用一种很古怪的眼神看着我，末了扑哧一笑，拉着我又坐了半个小时的公交，最后钻进了一个偏僻巷子里的小餐馆。

她也不看菜单，点了三个菜。

等菜上来的时候，光闻着香味就刺激到了我，只觉胃口大开，能吃下一头牛。

她得意地问我，他家的菜好吃吧？

我拼命点头，哪还顾得上和她说话。

后来我才知道，这家小馆在她丰富的吃喝经验里只是冰山一角，同样好吃的地儿她随便就能说出几十个。

那天吃完饭回去的时候，活动要开始了，已经来不及休息。

不过我很开心，我觉得生活不再是简单的吃喝工作，不要将就你的每一秒生活。

后来六六学会了做饭，每天两菜一汤，自己吃也要变着花样，每天不重复。

朋友不解，一个人吃饭，这么麻烦干嘛。

六六说，正因为一个人吃饭，就更不能再委屈了自己啊。

在六六的世界里，想吃某种美食就跨越千山万水去吃，不要想起坐车、想起做饭就觉得麻烦；喜欢某件衣服就毫不犹豫去买，不要顾虑接下来的生活会不会吃土，花钱才是你挣钱的动力；趁着年轻，爱一个人就玩命去爱，爱不到也不后悔，你至少没有辜负自己；有理想的时候，就应该勇敢地坚持下去，将就才是最可耻的生活。

六六爱到处去浪，一言不合就消失，失踪两个月，微信没人回，电话联系不上。

等我们再见到她的时候，疲惫的神色里眼睛还在闪着光。

有人劝她收收心，老老实实地好好工作，不能说走就走地去冒险。

六六说，我就想趁着能折腾的时候多折腾折腾啊，年纪轻轻的，自己喜欢的才是最适合的生活。

其实六六的工作也是一路加薪，有钱的时候就随便挥霍，没钱的时候就玩命工作，老板很欣赏她这种不将就的态度，再棘手的工作交给她，她也一定会尽自己最大的努力将工作做好。

我们说六六的人生风生水起，是因为她不肯将就自己的生活。六六说还是因为名字改得好，她以后找个男朋友一定要给他改名字叫八八，取意八八大发。

很多人都会考虑的问题，要不要在三十岁之前，找一个差不多的人将自己嫁了？要不要放弃在城市奋斗的理由，回家将就地谋生活？

我实在找不到除了相爱，两个人一定要结婚的其他理由。

我也看得到，千千万万有理想的年轻人还在为了理想而坚持，凭什么我们就要过将就的生活？

我们也许做不到像六六一样，坐几个小时的火车吃美食，一言不合就冒险。但我们还是可以在我们疲惫一天的时候找一个像样的餐馆犒劳下自己，在我们想放弃初心的时候想一想，我妥协的并不是我想要的生活。

后来我收到了那个姑娘的回信，她说她拒绝了这一段没有感觉的感情。

意料之中，当你感觉到幸福的时候你不会再问幸福的滋味，当你捧着火炉的时候你不会再问什么是温暖。其实她在问出问题的时候心中已经有了答案，本来就不是一个接受将就的女孩，她需要的不过是他人对她不将就生活的一个肯定。

没错，我们也不要过将就的生活。

## 自律者，得自由

“上班不自由，我要做一个自由的人。”

我的一个朋友，两个月前辞职了。这是她给我的辞职原因。

之前我和她交流过自由这一概念，她觉得自由的生活就是可以随意地支配时间，可以健身、读书，想疯的时候毫无顾忌地和朋友玩到天亮，慵懒的日子去茶餐厅喝杯茶，去广场晒晒太阳。

我想不到哪一种职业是既能挣到钱，又有时间可以满足她说的这种生活。

我问她：“之后准备做什么？”

她充满期待地和我说：“我已经在网上订了一张办公桌，我要开始我自由自在的soho生活了。”

一个月后，另一个朋友的生日聚会上我再见到她，没有化妆，重重的黑眼圈，脸色惨白惨白的，一副大病初愈的感觉。要知道，在之前她是一个连出门买菜都得换几身衣服的人。

我十分诧异："怎么一个月不见，就变成了这副摸样？"

她一脸痛苦地和我说："自由职业，真的不是人做的工作。"

原来，辞职之后她开始在家全职写稿，最初计划得蛮好的，七点起床，看看书，做个早餐，八点写稿，写上两个小时去楼下的咖啡馆喝杯咖啡，下午再写四个小时，晚上做一个小时的瑜伽，上床睡觉。

这么一听，生活还不错，确实挺好的啊。

真实的情况是，她每晚都要折腾到十二点才能休息，每天都有忙不完的琐碎事，没时间喝咖啡，也没时间做瑜伽，最重要的是，她还没有写多少稿，每天写的还没有上班的时间多。

我身边有几个自由职业者，有人全职写稿，也有人全职插画，但从没有人的生活过得像她这样忙。他们也会有熬夜的时候，但是熬夜也是因为编辑催得紧，自己想多挣点钱。正常的状态是写稿和提升自己两不误，生活和工作都管理得井井有条。

后来我听别的朋友说，原来她每天都是十一点才起床，和男朋友煲个电话粥，不紧不慢地洗洗漱，坐在沙发上纠结十几分钟中午吃什么，下午才会开始写稿。写稿的时候也不走心，刷刷朋友圈，聊会儿天，总觉得一天时间还很长，又没有老板管着自己，再给自己冲杯咖啡，逗逗猫，直到吃晚饭，一篇稿也没写完。

这样看来，她的生活就都解释通了。

她的故事让我想起了之前我和一个做了两年自由职业的插画师的聊天，这个插画师有着规律的生活，每天都会给自己制定计划。

我问她："做自由职业者需要什么条件？"

她和我说："自律。"

我当时觉得挺奇怪的，一个自由职业者竟然所说的不是技能或者财富来源什么的，而是自律。

我又问："那如果不自律会怎么样呢？"

她和我说："不自律者，不得自由。"

她接着说："因为你是一个自由职业者，所以没有人规定你几点起床，几点工作，工作是不是偷懒也没有人监督，全凭自己对自己的要求。但是你得吃饭啊，你得挣钱啊，该完成的工作也得完成啊。不自律的人就开始熬夜，各种拖沓，生活也各种混乱，最后只会越过越累，还不如上班的时候时间多。"

我有一个高中同学，高一没重分文理班之前我们两个是前后桌，会时不时地拿着地图册一起聊一聊想去的地方。

她每天回家，从不上早晚自习，意外的是她的成绩还不错，每次考试都是在班级前十，年级二十名左右的样子。

高二分文理科，像她这种成绩好的学生，无论学文还是学理，都会被高一教过的老师直接带走。结果她什么都没选，学了美术，在我们那个地方的观念，只有成绩不好、考不了好大学的学生才会去学美术，更何况她比正常的美术生已经晚了一年，还有好多是从初中就开始学画画。

老师们都没想到她会转美术，按照正常的发展，无论学文还是学理，她都能考一所不错的大学。

班主任几次叫她去办公室，让她好好地考虑考虑。

我在之前和她聊天的时候有听她说过，高二会去学美术。本以为这是一句玩笑话，毕竟走文化课她的前途一片光明，半路学美术简直是生死未卜，没想到她真的就去学了。

还考得不错。

大学她在北京服装学院，学的一个蛮热门的专业，给她们上课的都是一些国际知名的设计师，这个专业的学生只要正常毕业，都会拿到一份不错的offer，在我狭隘的认知里，一份有前途的专业，和一所自己喜欢的大学，就是这个年纪里最大的成功。

之后，她在电影院看了《百鸟朝凤》后发了条朋友圈，大意是文化总要有人传承下去。

两天后，她和我说，她转到了服装传承与创新的专业。

有人觉得她有思想，她说自己是问心不问路，她做每一次选择都是听从内心的召唤。

在我看来这个人是真的任性，我们转专业通常都要对比专业的老师怎么样，哪个专业更好找工作，考虑好久，才能艰难地做决定。而她，看一部电影就会转专业。

可是我也真的佩服她。

从认识她以来，做了大大小小让人意外的决定。虽然每一个决定都生死未卜，看起来极不靠谱，但她一次又一次在不靠谱的路上走出了一个还不错的前程。

其实，她的每一个决定的背后都源于她的高度自律。

学美术的时候，她从没迟交过一次作业。外出写生，当别的美术生出去玩的时候，她还在安安静静地画着素描。老师留一幅作业，有的同学还在为自己交不上作业找借口，她会交两幅、三幅。她对自己的要求永远比老师对她的要求高。

她到了大学同样以严苛的标准要求自己。很多时候我都不理解，怎么会有自己给自己加砝码的人，也正是因为她给自己加的砝码，她才有了自由地选择自己喜欢的事情的权利。因为她知道，无论怎样选，她都能做最好的自己。

以前的时候，我总喜欢去形而上地讨论自由的问题。

我也是一个想要追求自由的人，所以这些年来，只要有机会就在做无数自由的尝试。

可是，做的尝试越多，我越会发现，其实自由这件事情，真的是一件相对的事情。

想要拥有一段时间的自由，必然会有一段时间的努力与高效率。

想要财务自由，必然是要付出更辛苦的劳作代价以及双倍的精力。

想要去选择自己想选择的，那定然就要有足够强大的能力去为所选择的事业做相应的承受。

这一切都离不开高度的自律。

自律地把自己的时间化成一小段、一小块，精妙而准确，才能够换来选择上的随心所欲。

## 承认吧，你就是想成功又不想努力

写网文的麦子姑娘和我抱怨：“如果我也能千字二百的话，那我一天绝对能码两万字。”

麦子的抱怨让我想到了在很早之前关注过的一个小主播。只有两千的粉丝，每天要直播八个小时，要打赏，要关注，生病了，来例假，从没有断播的时候。不到一年的时间，她的粉丝涨到了七十万。

某天我逛主播的贴吧，当时她已经成为直播平台的大主播了，细心的网友从她的微博和其他社交软件整理了一份她的日常。原来她在直播之余的时间还要熬夜录视频做素材，节假日其他人在到处旅游的时候，她还在工作室准备直播内容，全年基本无休，每天工作的时间长达十几个小时。

大多数人都有过这样的心理。看起来很努力，却没有大进步；艳羡牛人月入百万，又可怜自己不得赏识；自己一狠心，一咬牙，但凡拼命了一点，马上就又会心疼自己，委屈到掉眼泪。仔细想一想，你看起来的努力都不及牛人的日常，你一天能码两万字，你早晚会千字二百。

这是大多数人都会存在的不劳而获心理，只想要功名财富，却不想脚踏实地。将别人的成功归结为运气，从不肯正视他人在背后付出的辛苦。

承认吧，你就是想成功又不想努力。

后来我和麦子姑娘聊起了这件事，麦子姑娘有所启发。半年后的麦子姑娘已由日更5000变成了日更一万，千字二十涨到了千字八十。麦子的书时常出现在各大销售榜单上。

年底，麦子从作家年会回来，我去接她。麦子坐在车后面拿出笔记本开始码字。我问麦子："这么努力，这是要成神了吗？"麦子哈哈一笑："我还差得远呢，那些大神们可比我努力多了。"

以前，总是觉得自己是匹黑马，只是没有遇到伯乐。发表过几篇文章就觉得自己小有名气，写过两个故事，就认为可以卖字为生。当我投稿十连退，故事没人理之后，才意识到自己什么都不是，只是自大。多年以后再回想，我是伯乐，我也不会喜欢这匹马。你还一无所有的时候，你至少应该有一颗踏实努力的心。世界上最可怕的就是比你厉害的人比你还要努力，那些天赋过人的天才们，他们其实一直在低头学习。

世界是公平的。你定好闹钟，你又点了十分钟后提醒；你去自习室学习，又掏出了充好电的手机；你在图书馆借了几本书，两周后又原封不动地还回去；你要考英语四级，一套真题没做完就又去追美剧；你让自己看起来很忙碌，其实你什么都没有做；发誓要好好学习，你却没有静下心来看书，而在忙着发朋友圈，告诉大家你在努力。所以你还是老时间起床，所以你四级几次没过，所以你在自习室玩了一下午手机，所以你朋友圈有赞有鼓励，你还是没有成绩。

我想起了我的一个朋友，张导，做网剧，喜欢和我们聊一些电影的前景和一些大师的作品。

每每讲到当下的某部电影导演和他是同一时期的同行时，总不忘感叹两句，别人的运气太好，自己就遇不到大方的投资方。

这些年，他拍过几个宣传片，接过几个小网剧。想做一些像样的网络大电影，不是缺剧本，就是没投资。

我问他："那你这么久都在忙些什么？"

他想了想，也没说出个所以然。

其实，他只是在忙着见编剧谈剧本，忙着找老板拉投资。从没有停下来认认真真地做部电影，想一想自己是差在了哪里。

好不容易想认真做个电影了，坚持了没两天，再也熬不住。就又想质量什么的都不要紧，先把钱赚了再说。

别人在努力的时候，你在发呆。别人有成就了，你又怪自己运气不好。哪有那么多天上掉馅饼的好事？

把闹钟定好，把手机关掉，把真题摞成册，写不完就不吃饭。在火车上，也要摆好笔记本写一篇稿。不要在别人玩的时候就想劝自己，歇一会儿吧，大家都在玩，他在背后努力的时候，你又看不到。你要知道，你在努力的时候还有人比你更努力，你感觉自己很辛苦的时候，他们也还在咬牙学习。从来都是天助自助者，你那些所谓努力的时间，是不是也要看心情，看天气？

不能每天对生活打鸡血，就也别抱怨了。你就承认了吧，你就是想成功又不想努力。

## 你没有变更好，是因为对自己太随意

国外有一项调查，四十岁左右还能保持良好身材的人大多生活独立，事业有成，而那些在身材上臃肿不堪、大腹便便的人往往在事业上也没有太大的成就。

这项调查间接表明，在事业上有所成就的人会对自己的方方面面有所克制，例如，不过量饮食，每天坚持锻炼；一个人如果在饮食和生活习惯上很随意，那他通常在工作中也不会对自己提出更高的要求。

这让我想起了之前吃自助餐的一次经历。

很早之前，朋友的老板送他两张五星级酒店的自助餐券，朋友约我一起。

我和朋友是吃五十块自助餐就欢欣鼓舞的那种人，每一次吃都秉承着吃自助“扶墙进，扶墙出”的原则，这次自然也是。

我们摆了一桌子的肉，而且，每当有新的菜上来时，我和朋友都会第一个冲过去。

以往吃自助餐并不觉得有什么稀奇，大家都和我们一样，着急吃够本，但是这个地方，有些奇怪。

我发现，在这里吃饭的人桌上盘子都很少，食物也简单，他们好像并不在意又上了什么新的菜，丝毫看不出他们对食物的饥渴和吃够本的决心，闲淡感就像是在喝咖啡喝下午茶。

我和朋友已经撑得站不起来，休息的时候发现，自助餐桌上，还有很多食物没人动。

适量地取自己所需，而不是索取无度，于他们来说，更是日常。

自助之后，我三天没吃饭，朋友进了医院，医生说，暴饮暴食，叮嘱朋友一定要合理饮食。

我忽然就想到自助史上的一个争论不休问题，吃自助是该吃好，还是该吃够本？

多多的朋友在一个月瘦了十斤，多多想减肥，询问她有什么妙招。

朋友说："少吃面食，多吃疏菜，将食量控制在之前的一半，再坚持锻炼，一个月，妥妥的瘦十斤。"

多多坚持了三天，觉得节食减肥再坚持锻炼太难了，又问朋友有没有其他的减肥方法，慢一点也没关系。

朋友想了想："那你就少吃肉，多锻炼。"

多多一周没吃肉，去逛夜市，闻到肉味直流口水，把减肥的事抛到九霄云外，又是红烧猪蹄，又是烤肉，连吃三天，也不锻炼，好好过了把瘾。

两天后再称体重，不只没瘦，还胖了三斤。多多自责不已，发誓从明天起再继续减肥。

减肥最怕一日曝，十日寒，看朋友一个月瘦十斤很简单，到了自己这儿就克制不住吃的欲望、懒惰的召唤，能瘦才怪。

多多在其他方面也是一团乱。

袜子要攒够一盆，实在没有袜子可穿才会洗，屋子一个月不收拾，从不敢邀朋友进门。每晚熬夜，凌晨两点才睡觉。参加朋友的party也很随意，从不打扮自己。

之前的多多谈过两个男朋友，最长的处了半年，最短的处了半个月，两个男朋友的分手理由出奇一致，“受不了多多的怪脾气，因为丁点小事都能发火。”

半年内，多多换了三份工作，每一份工作都是以她拍着老板的桌子说“老子不干了！”为结尾。

其实多多在减肥前身边的朋友就觉得这事没谱，毕竟一个对自己的日常都毫不克制的姑娘，又怎么受得了减肥的这份辛苦。

再说她那位减肥的朋友，长得漂亮，皮肤细致，和多多同一年参加工作，一路升职加薪，感情上也顺风顺水，前不久新婚，和老公去日本度蜜月。

这位朋友哪方面都特别好，简直就是人生范本。

可是再仔细看她的生活，会发现长得漂亮皮肤细致是因为生活很节制，再爱吃的美食也不会让自己吃多，晚上有再喜欢的剧更新，也会准时睡觉，无论再懒，周末都会去学瑜伽。一路升职更是因为她无论再累都坚持看书，每天给自己充电一小时。

她和多多就是两个不同的方向，一个修剪自己的枝条，一个肆意生长。

我和叔叔一起学车，叔叔之前从没开过车，练了两天，所有的项目操作得几近完美，学员们都觉得叔叔在开车方面造诣高，叫他小车神。

我看过叔叔几次倒车入库，的确漂亮。每一次停车之后，左右两边的距离都一样。

我倒车经常车身出线，赶紧向叔叔求教取经。

叔叔给我说了几个注意的点，车速要慢，注意车轮与库线的夹角，如果出现错误，怎样进行微调。

叔叔说的几个点和教练说的并无差别，我问叔叔："能不能传授点教练之外的方法？"

叔叔仔细回想了下练车的经过，说："两点，第一，听教练的；第二，以满分来要求自己。"

我又试了几次，只有一次差点出线，很开心，终于及格了，下了车准备出去浪一会儿。

叔叔拦住我，要我再练练。

叔叔的逻辑，在及格线浮动，一个失误就可能不及格，总以满分要求自己，即便失误你也能通过。

四次考试，叔叔都是以满分拿下驾照。

科目二，当时和我们一起学车的还有一个考过两次的老学员，排号等车的时候，我经常去找他聊天，询问他一些考试时的注意事项。

老学员说："没什么好注意的，你就凭感觉开，能及格就行。"

开始我是觉得他在敷衍我，跟了两次车，发现他的确练车很随意，每次，他都分不清车是出线还是没出线。

他常说的一句话，"差不多就行！"

果然，第三次考试，老学员又是不及格。

后来，老学员勉强拿下了驾照，买了辆车。

上次回家，听叔叔说，老学员把别人的车刮了，蹭得还挺严重。

其实，叔叔在开车方面的造诣并不高，他只是对自己要求严格。

老学员花费的时间比其他学员多很多，他的几次未通过都是因为对自己太随意。

人和人的起点是差不多的。人到中年，身体机能下降，身体会逐渐发福，有的人对自己很严苛，坚持锻炼，合理饮食，他的身材与之前没有太大变化，有的人放任自己吃喝，不只把自己吃成胖子，"三高"也会随之而来。

学车的过程中，可能会有经验、天赋上的不同，但是如果你严格要求自己做到最好，你的成绩只会比他们的更出色。你在考证的时候要求自己一百分，开车上路自然也不会出错，你在考试时就抱着及格通过就好的心态，遇到复杂一点的交通，就很有可能不及格。

对自己要求高一点，你自然会越来越好。

别对自己太随意，生活才会对你不随意。

## 过好当下就是想做什么不留给明天

年初的时候一百二十斤的罗姑娘特别想减肥，顺便锻炼，后来她将瘦回一百斤列为新年目标，还将自己瘦的时候拍的照片拿出来贴到床头，每天看一遍，作为自己前进的动力。

男朋友说这张照片PS过，根本不相信她也有这么瘦的时候。

她当年确实瘦过，我刚认识她的时候，她只有一百斤左右，后来不知道生活给了她多大的恩赐，每周加班熬夜，她的体重还能稳步上升。

她在网上订了一个瑜伽球，查了瑜伽球的使用方法，休完年假就早早地从老家回到上班的城市，拉着男朋友去了最近的健身房。

在去健身房之前，她还在网上花了小半个月的工资买了双跑鞋，她觉得既然想做某件事，就得拿出点做事的姿态，结果，健身房还没开门。给健身房打联系电话询问，负责的人说回来后还要整修，得两个多月后才能营业。

男朋友和她说："要不咱去市中心的健身房看看？"她想到去市中心还要坐四十多分钟的公交车，摇摇头，还是算了。

瑜伽球自从买回来只玩过两次就丢到了杂物间，跑鞋更是一次都没穿过，更别提锻炼。

前天我和她聊起每年给自己定一个小目标的事，我说我有的时候也是特别懒，目标要完不成了才会着急。

她深有同感，给我讲了年初计划减肥的事，之后叹了口气说："我比年初的时候又胖了七八斤，就是之前总给自己留余地，如果真的想减肥的话，去公园跑步，或者去市中心的健身房都可以，说穿了就是懒。"

她越说越不开心，一副嫌弃自己的口气，说到最后她起身要走。我问她去哪，她说："去健身房办卡，不能再纵容自己胖下去了。"

之前我加过一个同城读书看电影的微信群，群主有一个咖啡馆，他有时间的时候就会组织在咖啡馆里看书看电影，之后大家交流交流心得，再推荐下次播放的影片。其他的时候群里偶尔也会抛出个话题，大家聊聊天，有时候聊都去过哪些有意思的地方玩，有的时候也会分享自己的生活细节。

群主和其他的群友大多都在三十岁左右，这个年纪的人事业基本稳定，但房子和家庭的压力还是挺大的，不过我从他们身上感受不到生活带给他们的压迫感，相反，他们都活得有滋有味。

今天群里的话题是"过好当下的生活"。群主是一个设计师，经常深夜加班设计图纸，他说，自己的工作都会提前完成，想做某件事马上去做，不用担心有图纸还没设计完，也不会因为昨晚熬夜就把今天想做的事拖到明天。一个山大在读的研究生说，她想学一项技能或者一门语言的时候从来都是想到就做，不管今天有多忙，她都会坚持看会书，把自己今天想做的做完。

我忽然就想到自己因为拖延没有完成目标时的心情，还有罗姑娘讲的计划减肥迟迟未做时的不开心，我发现那些在生活中过得很从容的人从来不会给自己想做的事找什么不去做的借口，过好当下就是想做什么不留给明天。

大三实习的时候，上午十点就会饿，但是如果有天起得早，能吃上一顿早餐，一天就会活力满满，我一直都觉得吃早餐大概就是世界上最幸福的事情之一。

当时我立下的小目标是每天早起半小时，从容地吃一顿早餐，但是熬夜又是我每天的常态，看剧到一两点钟睡觉，第二天总是起不来，上班各种无精打采，吃早餐的事也一拖再拖。

当一个人想做的事都没办法完成，他绝不会从生活中获得幸福感。自己会抱怨工作繁琐，生活忙忙碌碌没有个人时间。其实这就是我们把一个一个的小问题都堆在了一起，该做的事没有做，只能由事情推着我们走，完全被打乱了生活和工作的节奏。

这个时候我们要想重新过上有质量的生活就必须找到自己的生活节奏。想吃早餐就强迫自己早起吃早餐，想减肥就强迫自己去健身房锻炼，不要给自己找理由，昨晚看剧看到一两点，六点多起床，根本起不来。也不要心疼自己工作了一天就很累了，没有精力去健身。

人都是一步一步逼出来的，如果始终抱着宽容自己的思维，凌晨会照常刷剧，去健身房减肥的事也会变得遥遥无期。连续早起几天，我们就再也没有精力熬夜了，坚持工作之后锻炼，持续几天，我们就能适应了这种强度，也不会觉得锻炼太辛苦。

人们都一样，太容易理解自己又不喜欢去理解生活，觉得当下不幸福的原因始终不会是自己的错，全是环境不好，怨天尤人。

还有的人会觉得，这种强迫自己早起，强迫自己锻炼会打乱自己规律的生活。规律的生活不是指晚上不睡，早晨不起，每天忙忙碌碌也不知道自己在忙什么，想做的事留给明天。

其实，这种对自己的强迫才是规律生活的开始，开始早睡早起，能够在工作的时间处理好自己的工作，开始有时间和精力做自己喜欢的事。

规律的生活是让我们从枷锁中解脱出来，过好当下才能获得生活上的自由。

我们可以让饮食更合理更丰富，该吃饭的时间吃饭，读书看报，运动健身，有时间参加活动和旅行，让自己变美的同时生活也会变得更美好。

或许每个人都有过觉得自己当下并不快乐的时刻。身边的朋友都在晒着美食晒着旅行，我们却只能朝九晚五庸庸碌碌；当初一起约好考证的小伙伴已经拿下好多证书，我们还在忙着兼职没考过一个证书；想在工作之余学一项喜欢的技能，然而工作就已经让我们力竭，感觉身体被掏空。当我们躺在床上觉得自己没时间做喜欢的事情时总要感叹一句，生活总是如此艰难，并不是只有当下如此。

可是，又确确实实的有那么多人享受着当下的生活。

其实我们有能力让生活变得更好，我们想做一件事情，不要去想这件事有多难，我们有多辛苦，只管去做，有困难克服，过好当下可不是让自己懒惰，逃避，只想舒舒服服地窝在沙发里，一边想着有时间再去做，一边享受着这虚假的舒服。真正的舒服源于快乐，而快乐来源于你坚持着做完自己喜欢的事情的那一刻。

想做就去做，别让懒惰的自己给当下埋单，也别让明天的自己给当下付账，过好当下就是想做什么不留给明天。

## 白日梦，都是毁在自己手里

我在十七岁的时候曾脑洞大开地想过三件事。

和暗恋的女神在海底举行婚礼；十八岁之前，和我的偶像韩寒一起喝茶；等我拥有了一千万，我要买森海最贵的耳机，买所有喜欢的东西，乘着热气球周游世界。

我在想这三件事的时候，还没有勇气和暗恋了半年的女神说过一句话；花了四节数学课的时间写好的稿子接到杂志社的退稿；刚刚剁手用掉了半个月的生活费才买了森海的基础款耳机，这个月注定要继续吃土。

后来，我十八岁了。

我知道在这个年龄段不可能实现这三件事，内心不免一阵伤感。

年少最爱白日梦。

有不少人曾像我一样幻想过，世界末日，自己被选中为超级英雄，飞来飞去，拯救苍生，最后站在广场，所有人视自己为偶像，为自己欢呼。

或者在下一刻，自己回家的路上遇到美女被歹徒劫持，一记天马流星拳，歹徒飞出地球表面，最后姑娘含情脉脉地看着自己，一定要以身相许。

再例如有幸穿越到异大陆开创国度，成为帝王，充分发挥自己的聪明才智，国家富足，人民爱戴；同时自己最好还是科学家，研发新概念武器，打败敌人入侵，最后人民奉自己为国家的英雄。

天马行空，脑洞大开。

白日梦就是这么爽，不用付出，不用努力，舒舒服服地窝在沙发里，什么事都不想做，什么事都不去想，自然而然，就能忘记生活的不如意，成为自己世界里的英雄……

但白日梦终会梦醒，喜欢的姑娘不敢追，该学的知识懒得学，老板说今天要加班，自己心里默念，老子不干了！过了两分钟，却又不得不乖乖去工作。

幻想过自己周游世界，却连距离最近的城市都没去过。

想谈一场轰轰烈烈的恋爱，又不敢跨出自己平淡无趣的生活。

怎么办？

想不到更省力的办法，能想到的就是做一个更离谱的白日梦麻痹自己的生活。

白日梦上瘾，我们都一样，宁愿在困苦的时候吸一口，幻想自己功成名就，香车美人。

也不愿承认自己是生活中的loser，不肯为生活付出努力。

可是，如果说，这些都可以不是白日梦。

之所以成了白日梦，都是这样毁在自己手里。

你是不是就忽然燃起了一点斗志？

我的一个朋友很喜欢帮别人解决问题，所以会有好多人向他咨询各种各样的问题。

有个人的问题，要不是我亲耳听说我都有点不太相信。

这个人爱做白日梦，小时候看武侠电视剧，也会把自己想象成武林高手，打通任督二脉，身怀绝世武功，后来他找了一帮比他更小的孩子成立了武林大会，孩子们都尊他为武林盟主。

成年以后，他觉得武林太寂寞，自己应该入世，体验一把红尘生活。他又开始幻想自己买彩票中奖，买车买别墅，还自带泳池的那种，周末叫上一大帮朋友在家里开party，夜夜笙歌。

后来，白日梦已经影响到了他的生活。领导开会，自己想得出神，会议结束，领导布置的工作一概不知，经历了几次，他被炒了鱿鱼。

又找了几份工作，无一例外，都被辞退。

目前失业在家，年近三十，没谈过恋爱。自己在脑海里设想过无数次遇到另一半的开场，也设想过自己未来无限可能的人生。

他向我的朋友求助，问他怎么办。

朋友给他的建议是，多行动，多经历。可以从谈一场恋爱开始，真实地去感受恋爱的细节，大胆地去认识新姑娘，去搭讪，大方自信就是你最好的开场白。

人在不如意之时，总爱胡思乱想。

贫穷的时候会幻想金钱，缺爱的时候会幻想爱情，对生活失望，你才会希望生活待你温柔，此刻困苦，你才会喝下一大碗鸡汤。

然而胡思乱想并不能解决任何的实际问题。也许一时的幻想能够给自己一些斗志，但是沉浸在幻想中，往往会成为自己实现梦想的阻碍。

贫穷的时候你就该奋斗，缺爱的时候你应该努力给自己提供安全感，这才是面对生活中不如意的事情应该持有的态度。

以前看过一部电影《白日梦想家》，一个中年男子在一成不变的生活中，做着自己的白日英雄梦。

面对心仪的同事，却连和同事搭讪的勇气都没有，只在脑海中幻想了无数次和同事邂逅的场景。

交友网站的编辑问他有哪些难忘的经历，他的脑海里闪过的却是大楼爆炸，自己化身超级英雄，飞身救出心仪同事的小狗。

公司被收购，他对新任的领导不满，在自己构建的世界里与领导大干一场，从几十层高的楼里飞身而出，在繁华的城市里与领导上演一场追逐大戏。直到领导戳着他的肩膀叫醒他，叫他好好完成最后一期的杂志封面。

人之所以喜欢做白日梦，归根结底是因为你觉得现在自己过得不够好。

而你，又不想对生活有任何的付出。

故事在男子为了找到丢失的封面胶片，开始了几段旅程之后，剧情发生了反转。

中年男子做了一系列只有在白日梦中才会做的事情。冲进醉汉驾驶的直升机，在冰海里与鲨鱼搏斗，冲向即将爆发的火山，用蛋糕贿赂阿富汗军阀，最终，他在喜马拉雅山上找到了旅行家，问出了胶片的下落。

经过了白日梦般的冒险之后，他反而不再做白日梦。

自信地追求心仪的同事，当众斥责前任老板，最后杂志的封面照片给到了这个工作了十几年的中年人，照片里，他在城市中奔跑。

《白日梦想家》里说，开拓视野，冲破艰险，洞悉所有，贴近生活，寻找真爱，感受彼此。这就是人生的目的。

每个人都曾做过白日梦，其实生活就是最大的白日梦。

我们不仅要在白日梦里成为自己的英雄，更要在梦醒之后有成为英雄的勇气和行动。

当你成为英雄的时候，你就不会再幻想成为英雄，当你成为旅行家，你就不会再幻想世界旅行。

明天考试，却连这学期的书还没有看，赶忙去求考神保佑，心想明天考神附体，万一过了呢；

朋友居然开公司了，还拿到了投资，自己也要好好计划一下，未来做一个什么项目；

假如从明天开始存钱，省吃俭用，再加上升职加薪，用不了两年就可以买车啦，不行，今天要出去好好吃顿大餐，庆祝下买车大计。

我曾经也无数次想象过自己的未来，却从不肯看看现在。

将未来都寄托在明天和白日梦，却从不想应该在努力的时候付出努力。

一直到，有一天我发现如果我去脚踏实地的话，也许白日梦不能实现，但是至少会有一丝实现的机会。

倘若我不去脚踏实地地做，连机会都没有。

于是，我开始行动起来。

我在十七岁的时候曾脑洞大开地想过三件事。

我知道在这个年龄不可能实现这三件事了，但我还在一直努力，希望有生之年，能完成哪怕一件。

毕竟，白日梦，不能毁在我手里。

# Chapter 3

# 残酷的世界，你要披甲上阵

## 既要匆忙赶路，也要停下来休息

市里新开了家烤鸭店，我们几个小伙伴相约一起吃烤鸭。因为兼职的原因，我认识的朋友年龄都要比我大。

当时，一起吃烤鸭的有个日语翻译，有个写网文的作者，还有我。

我们一边卷着烤鸭，写网文的作者忽然开口说，她可能最近要休息一段时间，不写了。

写网文的作者之前一直不温不火，虽然是全职，每个月的稿费也只够日常开销，两千左右的样子，困顿了一段时间。

后来写网文小火了一把，开始变成月入三万多。一连写了十个月，每天一万多字地写，连出门都很少。

别人差不多十个月写一百多万字，她十个月写了三百万字。简直拼命三郎。

但是她说她休息的时候，并不是开心的样子，而是看起来有些低落。

她感觉最近太累了，不得不休息。

另外一个日语翻译是上班族，在公司翻译一些说明书什么的，每个月忙的时候月入过万，不忙的时候也有大几千。

不忙双休，忙起来不休。

他说，特羡慕这个写网文的，可以休息一个月再写。写网文的说，我一休息就没有钱啊。

这个日语翻译说，没有钱我也想好好休息一个月再上班。

写网文的说：你不懂我们这种不上班的所谓自由人，一旦不工作，就会特别焦虑，感觉自己要完了。

日语翻译讲她们公司也有兼职在做她们这种全职的工作。其实她们这个工作底薪很少，所以她们全职挣得大多数的钱也都是翻译的那点钱，而不是底薪。和兼职不同的就是多了五险一金。这段时间，公司不太忙，所以兼职手里的活就停了。等九月份的样子就会很忙。兼职翻译一个的钱要比全职多，所以兼职就会又挣很多钱。但是，在做兼职的那些人不知道为什么，就在这没有活的十天里，明明知道自己十天后就会有活，却仍然会很焦虑。

日语翻译劝网文作者：其实，仔细想想，你休息完之后，最差的状态不就是再写下一本书吗？只是一个月没有挣钱而已。为什么会焦虑呢。

我在旁边听的时候，刚开始特别能理解写网文的那个人的那种状态，但是日语翻译说的时候，对我触动也很大。

仔细想想，最开始在做职业选择的时候，为什么要做这个工作，为什么会选择这个工种。我们早就已经计划好了。

上班族计划着周一到周五好好上班，周末休息。

自由职业者计划着，既工作又享受生活。

可是，我认识的很多自由职业，都是恨不得每天工作二十四小时，没有生活。

因为害怕。

我也害怕。

每次我忙到焦头烂额且控制不住情绪，止步不前到了一个节点无法改变的时候，我都会强制自己休息一下。

用这句话安慰自己：只有懂得休息的人，他才能更好地懂得工作。

这里，其实懂不懂更多的是敢不敢。

敢不敢休息，敢不敢停下来，敢不敢放空之后再出发。

如果你敢休息，你是给自己一个放空期去总结，也给自己一个时间去学习。同样的，这个时间以后会成为你前进的养料。

在最开始跟着别人写本子的时候，我想的就是要多观摩，然后再写，一边学习一边练习，练习之后再学习。但是，后来加入到一个团队里，写出一个被人稍微认可一点的东西的时候，心态就会变了。

想要更快，更好，走得更远。

于是就开始给自己不断地加码，也不敢休息，紧绷着弦想要跑得更快一些，进步更大一点。

每天要写几千字，白天写，熬夜写，写到脑子里再没有东西可写，还不肯合上电脑，对着文档一直发呆。

那段时间我的睡眠质量奇差，做梦的时候都在想立意，想剧情。

可是想来想去，无非是脑子里的那些东西，再也变不出新花样。

直到后来，我再也看不出自己写得好不好，有人称赞，我不知道这篇文章好在了哪里，有人说内容太杂，我也不知道该从哪修改。更多的时候，他们会和我说我写的这个故事和之前写过的另一个故事雷同，我丝毫记不起之前写过类似的例子。

走笔不走心，质量越来越差。

一个写了几年文字的老作者和我说，你停下来，歇一段时间再来写。

我不敢停。

当我不写的时候，就会焦虑，当我写不好的时候，也会焦虑。挤掉了学习时间，也挤掉了休息时间。

好像休息成了罪恶，一旦停下来，我害怕以后只会越写越糟。

直到我写的东西越来越差，修改了几次都未通过。其他入行比我早的作者都在劝我休息一段时间，我才肯放下手头的稿子，决定给自己放一个假。

当然，并不是完全休息，只是放慢了写稿的节奏，更多的时候都在看书，看别人写的东西，随手记生活中获取的灵感，每天只坚持写一千字练笔。

过了一段时间，在整理桌面文档的时候打开了之前写过的稿子。

看到一半我就再也看不下去，好几处明显的逻辑错误，自己都受不了，重点是，当时自己在写的时候并没觉得有什么问题，编辑退回来让我修改，也看不出这几处有什么不妥。

我又写了篇同题的文章，我发现在休息之后再写作，思路清晰了许多，文章的质量较之前有了质的飞跃。

瓶颈是大多数作者都遇到过的问题，思路受限，无话可写。每天在写字上花的时间越多的作者越容易遇到这种情况。这时候我们需要的并不是坚持下去，我们需要的是给自己一点时间，放空自己。

这里的放空自己是指我们应该给大脑一个休息的时间，充充电。写作其实是一个输入和输出的问题，大量的写作，一定要有大量的阅读和思考才足以支撑你不断进步。

休息是赶路的另一种方式，我们给自己休息的时间，其实是为了在休息之后，我们能够跑起来。

大多数的人应该都有过类似的状态，越努力，越焦虑。

忽然想减肥，于是节食，跑步，一圈又一圈，直到体力不支，头昏眼花还在跑，最后晕倒在操场上；

英语单词记不住，于是就没日没夜地读单词，别人都在休息，你蒙在被子里打着手电也要背，通篇背下来，又忘了最开始背过的内容；

又或者身边的同龄人一个个都开始买房买车，晒存款，晒旅行。你在毕业之后就留在了城市里打拼，每天加班到深夜却还是赶不上有些人的步伐，打开朋友圈都会让你倍感压力。

为什么我们会时常感到焦虑？是不够努力吗？是压力太大吗？

明明是正值青春的年纪，为什么却总感觉一切来不及?

我有一个学霸朋友，每年都拿奖学金，还是学校里面最高的那种。

好多人都觉得他一定特别努力，整天都泡在自习室学习。

而真实的情况是，他每天只学习几个小时，其他的时间和我们一样都在睡觉和打游戏。

我和他开玩笑说，你整天和我们打游戏，年底你会不及格。

他毫不在意，我一直都这样啊，整天学习我也学不下去。相反，我在打两局游戏，或者睡一会儿之后学习起来更有效率。

每个人都很着急，害怕落后于人，害怕自己不够努力。不顾身体发出的警告信号，总是担心来不及。

如果你真的觉得尽力了，努力了，自己已经到了身体的极限，就不要再勉强自己了。

停下来，歇一歇，想一想我们努力的初衷，这时候，休息才是最好的赶路。

## 有人向你泼冷水，烧开了暖身

朋友小胖和我说，他自己在健身，并且也坚持了两周，但是这两周遇到了很多问题。

每次朋友喊他去吃饭喝酒，他拒绝，说自己一会儿还要去健身的时候，就会有朋友来泼冷水，“你这么胖，再锻炼也瘦不下来呀。”

省吃俭用，想办张年季健身卡。朋友又是一盆冷水泼下，“浪费这个钱干嘛呀，你又坚持不了三天。”

偶尔想放松一下，吃顿好的。又有人跳出来，“你看，他还是坚持不下来了吧。”

自己虽然也一直在劝说自己不用搭理他们，但听到他们在一旁说风凉话泼冷水，还是会很生气。

小胖很郁闷，问我怎么办。

生活中，好多人应该都会有过被泼冷水的经历，自己热情满满、信心十足地想要认真做一件事的时候，总有一些人似乎已经看透了一切，一盆冷水浇下，嘲讽技能全开。

淋个彻底，淋个透心凉，大好心情被破坏，甚至还会在心里默默地说声，靠，到底还是不是朋友。

想学英语，过六级，为了保准点，报了个班，每天起早贪黑学了几天。一定会有个人以调侃的语气说，你英语底子这么差，再学也考不过六级啊。

新学期开始，想改变自己，泡了两周图书馆、自习室。

又会有自认为和你关系不错的人告诉你，再努力你也考不上研究生，期末考试还是要看小抄。

总之，但凡想变好，做出点改变，一定会有人站出来打击打击你的积极性，说得还振振有词，告诉你的全是他当年想做某件事的经验之谈。

这种生活中的泼冷水朋友，似乎每个人都有一个。

为什么会有人热衷于泼冷水？

无它，泼冷水的人一定是生活中的弱者，在他们的生活里，除了泼冷水，找不到更有趣的事情可做。

他们习惯将大家归为同一类人，他们觉得梦想都是不切实际，所以努力在他们眼里也是一文不值。

和你说健身无用的同学一定没有健过身，说办健身卡是浪费钱的同学，大多都把钱都花在了上网打游戏上。

当你想学英语、泡图书馆时，提出质疑声音的一定是学渣，他们自己做不到的事情，自然也会觉得别人做不到。

相反，一个长期健身的人并不会告诉你健身无用，一个将自己的零花钱都花在提升自我的人也不会和你说办张年季健身卡是浪费。

优秀的人不一定擅长鼓励，但他一定不会是一个善于泼冷水的人。

他们没时间去对一个人冷嘲热讽，他们关注的都是自己的生活和更加努力让自己变优秀。

高中三年，直到高三时我才第一次产生好好学习、读个好一点的大学的念头。

想法的来源很纯粹，在《读者》杂志上看到篇文章，名字已经记不清，大致意思是，三个月，我如何从差等生考进名校。

当时倍受鼓舞，一心想做出点改变。

九点半下晚自习，每天都要看书到封教学楼才离开教室，急急忙忙地往宿舍跑，跑得慢了，就会被宿管关在外面。

我有一个朋友老浩。我和老浩一起翘过两次课，听说我最近在好好学习，老浩和我聊天，一脸认真地和我说："别折腾了，咱们就不是学习的料，再努力也考不上好大学。"

我不听。

很长一段时间，我都是最后一个跑进宿舍楼的人。

曾有一周连续被关在楼外，宿管大爷认识了我，为了照顾我，将关门的时间特意提前五分钟。宿管大爷的说法是，就是为了督促你这一类的学生抓紧回宿舍。

我最后一次被关在楼外，没有叫门。转身走去了小广场，那晚路灯很亮，月色也迷人。

我坐在广场前的台阶上，想象着这次月考一定会成为一匹黑马杀出，父母高兴，老师夸赞，说不定还能登上学校的光荣榜。

情难自禁，赶紧掏出小册子背几个单词压压惊。

月考成绩和以往并无太大变化，深受打击。

老浩给我发消息，透着一股“我早已料到结局”的语气，“咱们都是学渣。别！学！了！没！用！的！”

最后一句话，他一字一顿。

我正烦呢，他还来添乱，我果断拉黑他，并将自己没考好的原因都推到他泼冷水的身上。

最终，我还是只读了一所普通的本科，而他，进了当地的一所专科混日子。

很长一段时间，我都十分痛恨这些生活里热衷于泼冷水的人。凡是有人向我泼冷水，我一定会上去和他撕一番再拉黑。

他说我不行，我说他loser，两个人像市井无赖般互相用语言攻击，最终两个人都像胜利者一样昂首挺胸地脱离战场，大多数情况都被对方言中，坚持了没两天就败下阵来。这类人更要拉黑，免得他再过来奚落你，造成二次伤害。

被泼得多了，我就在想一个问题，为什么只有我在想努力的时候会被人泼冷水？

抱着这个态度重新审视自己，我发现很大一部分原因是，我之前表现出的态度并不值得别人认可。

因为自己从没认真地坚持过一件事，所以他们才会觉得你坚持不下去。

总翘课、睡觉、不完成作业，当自己说自己想考入名校的时候，一定会有人劝我别再做梦。

但是，当那些认真学习、努力工作的人在说自己的目标是考研，是升职加薪的时候，就会收到鼓励，不会有人质疑。

泼冷水的人一定是生活中的弱者，被泼冷水的人在之前所留下的印象也并不优秀。

但是，你在被泼的一刻就说明你已经在进步了，你有了改变自己当前生活的愿望，而他们不会理解，他们眼里看到的只有不现实和不可能。

不被嘲笑的梦想不值得实现，质疑和掌声一样，都是你前进的必需品。

放下玻璃心，粗糙的水泥心才能经得起赞扬和打磨。

之前和几个同学打完游戏之后，不知道怎么聊起了被泼冷水的话题。

一个同学说，有人向你泼冷水，那就烧开了泼回去。

也有人说，有人向你泼冷水，烧开了暖身。

无论是泼回去还是暖身，都需要你将冷水烧开，将冷水烧开了才能有选择的权利。

前天凌晨，老浩听说我在写东西，从同学那里要到了我的微信。

当时我正写完一篇稿，准备睡觉。

寒暄几句，他又开启了老浩模式，先是吐槽了几句生活艰难，紧接着他又劝我别再写作了，又写不出什么名堂，还列举了几个在他看来失败的写作者的例子来说服我，他并不知道，其实他说的这几个作者在业内小有名气。

这次，我没有再拉黑他。

应该不是我变成了更好的人了，我也没有很大度到劝自己承受得了多大的诋毁，就以后能接受多大的赞美。

我当时想的就是，既然他来泼我冷水，说明我在进步。

也别浪费时间争辩，争辩没什么用。

也别愤怒，将他人对你的冷嘲热讽一同化作你前进动力的一部分。

至于，我能不能成，我以后会是什么样子，他们不了解我，我自己了解我自己。

等以后，我把这壶冷水烧热了，再回头看的时候，冷水，不就是当年前进路上的一点调味剂嘛，让我的生活更暖了。

让我以后遇见更大的问题的时候，想一想，曾经有人也质疑过我，但是，别人的质疑没有什么用。我相信自己。

于是，渐渐地，就更加了解了自己。

## 如果你碌碌无为，我不骗你平淡是真

这两个故事是我听来的。

小A是我的朋友，毕业不久，在一家小公司实习，她的想法是先找到一份工作养活自己，增加点工作经历后，再给自己的未来做打算。

上班的第一天她在电梯里遇到一个奇怪的人，看年龄，看相貌，应该是公司里工作了七八年的老员工，因为是小公司，一般工作两三年就已经是部门的经理，出于礼貌，她说了声“经理早上好。”结果这个人也没接话，略有尴尬地冲小A笑了笑。小A问其他的同事才知道，原来他也是公司的实习生，只比小A早来了两天。

后来大家也都熟了，小A又知道了他的另外一些事。

他是86年出生，毕业七年，每年换一份工作，不是老板炒了他，就是他觉得这份工作没意思，甩手辞职。七年来，没进过大公司，一直在像小A所处的这样的小公司工作，没什么技能，在公司最常做的就是跑跑腿，打打杂。按照道理来说，在社会上摸爬滚打了七八年的人多少都有点人脉，随便跳到一家公司都能拿到中等偏上的薪水，可是他却拿着和小A一样的实习生工资，奖金甚至还不如小A的高。

小A说他奇怪，倒不全是因为这个。

中午的时候，公司的同事请他们去楼下吃麻辣烫。女生吃十几块钱的就差不多，男生吃得多一点，要吃二十块钱左右的麻辣烫。他那次点得最多，要了一个两人份的麻辣烫，最后没吃完，打包带回了家当晚饭。

还有一次是和他一起去吃，两个人AA，小A选了好多串，他只泡了两把粉丝和几串菜，加起来八九块钱的样子。小A问他："选这么少能够吃吗？"他说："差不多，我吃得比较少。"结果他在吃完自己的之后，又从小A碗里挑了三个蟹棒，还和小A说："我看你吃不了，帮你消灭即将浪费的食物。"

小A一阵无语，在心里面想"我这么能吃，怎么可能吃不了"。不过她觉得大家都是同事，这话也没好意思说出口。

之后他就再没吃过麻辣烫，他说吃麻辣烫太贵了。

公司不远有一个卖炒馒头的小摊，七块钱一大碗，能吃饱。买炒馒头的人不少，去得晚了，就卖没了。公司中午十二点下班，他每天都会提前半个小时去买馒头片，还没下班，整个公司充斥着一股浓浓的炒馒头的酱油味。

他从不参加任何的活动，同事出去聚餐、K歌，你好心问他去不去，他会和你说："你请客我就去。"一个大男人，要一个小姑娘请客，问过他几次，他都这样说。也就再也没有同事去讨这个尴尬。

总之，他和同事的关系都不太好，待人待事总爱占个小便宜，生活中一副抠门儿的样子。开始的时候小A也试着理解过，毕竟挣得不多，省着花钱也正常。可换个角度再想想，工作七八年，月薪两千，这就不是态度的问题了，这明显是能力有问题。

公司有规定，上班的时间不许看电影和刷微博。他总偷着看国产抗战片，他想的是，自己隐蔽工作做得好一点，只要不被领导看见就行了。事实是，他被老总抓到过两次。老总把他的上司叫到办公室狠狠地训了两次，说上司管理不善。他的上司脾气温柔，说不出太难听的话，从老总办公室出来只能看着他，叹口气，苦口婆心地劝一句："你呀你，工作长点心吧。"

他特别精通于偷懒，公司有点什么活，总是第一时间往后退，把小A这种刚毕业的小姑娘往前推。有时候遇到需要做完才能下班的项目，到了时间点他就不干了，看着一个组的其他同事辛辛苦苦地加班，他还神秘兮兮地在一边说："我教你，这种事就不应该……"

他就是那种不求上进，生活一团糟，爱占小便宜，朋友请他吃个麻辣烫都能欢欣鼓舞好多天的人。他的上司也和他说过，让他端正点态度，努力一把，年终多拿点奖金，改善改善生活。他一副生活过得好坏都无所谓的态度，常挂在嘴边的是，生活终归柴米油盐，平淡一点才是真。

我的另一个朋友小C，也是个女生。她在大四的时候谈了个大三的男朋友，男朋友是专科，学的美术，两个人同一年毕业。

毕业前她和男朋友请男朋友的舍友吃饭。可能是最后一次聚餐了，说着说着就聊到了还能不能聚到一起，未来都在哪发展。

老大从大一起就开始一直在外面接兼职，教画画，墙绘，自己经常忙不过来，就把活介绍给其他的学生，从中间抽点提成。老大说，他打算毕业留在这儿，做一个中介类的小公司。

老二是个学霸，大学没逃过课，学习也认真，他说毕业后接本，一直往上读。

她的男朋友大学就没怎么上过课，时不时还会挂科，大部分时间他都在工作，办过杂志，也在设计公司坐过班，属于社会经验比较多的那种，他毕业后也是留在这个城市，继续在之前所在的公司上班。

几个舍友都各有各得打算，虽然大家都毕业了，幸运的是，都准备留下来，所以聚起来也方便。

唯独有一个舍友没说话，这个舍友比他们都大一岁，高考的时候复习了一年才考上的这个三百多分的专科学校。

他闷着头喝酒，偶尔的时候和舍友举杯，喝了不少，他红着脸说："你们呀，都太年轻，我毕业回家，父母托人给我找了个在药厂上班的工作，工作安稳，小县城物价也低，我就不和你们这么瞎折腾了，过几年你们就都明白生活是什么了。"

有人问他以后聚不聚，他当时支支吾吾地说了几句话，小C记得不是很清了。言下之意是，他没时间，以后就不聚了。

他当时给小C的感觉，年纪不大，看起来却没有一点年轻人的朝气，说起话来也是老气横秋，一副见惯世间心酸事、自古人生多薄凉的模样。

小C之前听男朋友说起过他，在宿舍打了三年的游戏，什么事也没做过，而且成绩比她男朋友还要烂，他还一直把比他们大一岁当作资本，张口闭口就是“你们还年轻”。

但是，小C也问过自己的男朋友，这个舍友经历过什么大事还是打击吗？

小C的男朋友说，打游戏总跪算打击吗？

《后会无期》里有一句台词，“你连世界都没有观过，哪来的世界观？”

这个舍友这种就是这样，窝在寝室三年，也能觉得自己历尽沧桑。

其实小C觉得这个人蛮无趣的，自己什么事都懒得做，上了两年高三才考三百分，即使他真的回了家，也不过是换了个地方打游戏，生活也不会像他说的那样，只会更加不如意。

我在高中写关于享受生活的作文时，常会用到几个素材。例如，某富豪挣了几千万，整天奔波在各种局之间，没时间回家，没时间享受生活，劳累一生，富豪最后感叹，钱再多也不如平淡过一生。再例如，某老人种花喝茶，早晨的时候和老伴煮碗小米粥，傍晚的时候散散步，平淡的生活也是惬意。

再后来我才知道了用过的两个素材都是伪例证，这个富豪的现象太极端，大部分的有钱人都有着更高品质的生活，工作、生活协调得很好；种花喝茶的老人原来年轻的时候也是官场叱咤风云的人物，见惯了大风大浪，才觉得平淡生活更惬意。

躺在床上，不思进取，整天纠结于鸡毛蒜皮的小事上，这不叫平淡，碌碌无为的人总喜欢给自己的平庸找几个借口。

真正的平淡是你见过风浪，在理想的道路上前行过，在生活的洪水里逆流过，经历过世间事，才有资格说，我更喜欢平淡的生活。

平淡的生活是一种态度，柴米油盐也不等于鸡毛蒜皮。真正的平淡是你热爱柴米油盐，热爱做饭，而不是为了吃饭，为了活着，以消极的心态对待柴米油盐。

最后再讲一个我身边的故事。

我有一个大学同学是在大二时退的学，退学的时候他和我们说，上大学无用，纯属浪费青春，浪费时间。事实是，他也是在大学打了一年游戏，课都没上过几节，却在这里大谈上学无用，我觉得他应该是在说打游戏没用。

退学之后，每天保持五六条的说说频率，不是在说生活的本质是平淡，就是在自我吹嘘，自我崇拜。用一句话概括就是，像我这么帅这么有才的男人在这垃圾的世界里不多见。

我和他并不是很熟，只是互留着联系方式。

我猜他的生活应该也不是很快乐，因为任何一个快乐的人也不会每天五六条的说说频率自我崇拜和感慨生活。

他最近的一条说说：想换个手机，纠结买6S还是6P。不过我这个手机还能将就用，毕竟我也没太大要求，能发个说说就很高兴。

他大学的舍友在说说下评论，你先找个工作，在家吃了几个月的闲饭还整天瞎矫情。

现在还年轻，谈什么平淡是真有时候想想还挺没有必要的。

碌碌无为就是碌碌无为，碌碌无为也永远不会明白平淡是真。

# 你要成长，才会成功

和一个公司的HR聊天，聊到了刚刚实习的大学生最常出现哪些问题的时候，她摇头叹了口气："现在的毕业生都太想成功。"

想成功想到什么地步？

夜夜想，做梦想，深夜的时候刷朋友圈，一个实习生转发了一篇文章，题目是《工作一年，我如何从月薪三千到月薪十万》，点进去，文章漏洞百出，明显是写作者瞎编的一篇文章，这个实习生却觉得深受启发，还写了一段我也要在半年之内月薪过万之类的豪言。

在公司附近的食堂吃饭，一个新来的实习生问她在这行工作了多久，她说，两年半。他大吃一惊，两年半还在给别人打工啊，我再工作一个月就要出去创业了，balabalabala，给她讲了一大堆他的创业计划，吓得她赶紧塞了两口饭，临走的时候他和她说，希望她能去他的公司上班。

她说，恭喜恭喜，我胸无大志，还是算了。

公司前几天面试了两个大学生，问了几个在面试过程中常被问及的问题。

职业规划、薪资要求、对本公司有什么了解，以及能为公司带来什么效益。

在回答薪资和规划的时候，两个人要求还挺高，两年内升为主管，实习期月薪五千，大谈自己的目标和理想，等问到后面两个问题时，两个人支支吾吾，半天也没说出自己的想法。最后一个人说“没了解”，一个人说“不知道”。

朋友接着说：“想成功其实并不是什么坏事，谁找工作不是奔着升职加薪去的？但是呀，成功是一件水到渠成的事，该成长的年纪还是要踏下心去学习，一味地寻求成功可不叫有理想，这叫浮躁。”

我记得在我读大学的时候老师和我说过一句类似的话。

当时我在学校的创业孵化中心申请了一个项目，打比赛，写策划，又经过学校项目组的层层评估，干掉了一大批创业团队，学校把创业中心最好的位置给了我们。

当时自己很有想法，觉得成功这种事，不过“想”“做”二字。

每周指导老师都会请专家来给我们开创业讲座，没时间听，有听讲座的时间还不如我想两个活动策划，周末搞搞活动，小赚一笔。

项目组给我们这些创业的大学生办了个班，学校最好的教授给我们讲财务，讲营销，讲管理，每个月还会组织我们去市里参加商务讲座，在座的都是各高校创业的大学生，结果我没听过一次课，没跟过学校组织的一次活动。

老师找到我，问我对我们这个项目有什么规划，我和她大谈我们项目的前景，以及我的三年目标五年计划，最后自己都被自己的热情感染了。

老师无动于衷，之后劝我去上课和听讲座。

我对老师的态度有点恼，我说得这么慷慨激昂，她一点也不为所动。

我反驳她，只听不做是空谈，我没时间听这些专家们讲些虚无缥缈的理论知识。

她丢给我一句话，“不要一味地追求成功，学好眼前的知识，掌握还没掌握的技能，先要成长，才会成功。”

年底评估，我们的项目得分不高，经营不久，始终半死不活，就把项目转给了别人。

失败之后我仔细想过这件事，发现自己当年还是“图样图森破”，如果当年能够端正态度，本着学习的心态去看待这件事，也许再过几年，我也能成为一个不称职的好老板。

后来一位事业发展不错的师哥回来给我们作报告。他在报告中说，我不鼓励大学生毕业之后就去创业，我也不支持大学生毕业之后找一份朝九晚五、扫地打杂的工作。你们并不缺乏创业的勇气和决心，但我还是希望你们能在生活里滚上一圈，能在社会上走上一遭，磨掉年轻的莽撞和浮躁之后，静下心来，再思考自己适不适合走创业这条路。

在此之前，我希望你们能够尽全力做好自己能做到的事，例如学好你的外语，好好准备你的注会（即注册会计师考试）。

这些你都会用得到。

之前一位写字不久的姑娘和我聊写作。对于写作这件事，其实我没有太多的发言权，毕竟自己写得也不好，还处于一直学和一直写的阶段。

姑娘问我写作有什么捷径？

我说，大量阅读，坚持每天都写东西，给手机下载一个便签，养成随手记灵感的好习惯，这应该算是捷径吧。

姑娘不甘心，说等不了那么久，有没有快速成神的方法。

我说，那你就大量地读和大量地写，先写废二十万字，应该就可以出山了吧。

姑娘没再说话。

过了两天她又找到我，说坚持每天写东西太难了，而且自己还常会陷入无话可说的情况。

她说的状况我深有体会，直到现在，我也会经常觉得自己把该说的话都说尽了，一篇文卡上两三天是常有的事。

我的建议是，坚持每天给自己充电，研究其他作者是怎样表达的一个观点，培养自己看待问题的多角度能力，坚持下来就能给自己打开一个新思路。

她问我能不能跳过写废二十万字的这个阶段？

我想了想好像不能，似乎我身边还没有那种真正的天才。

她有点急，说了几句类似于你不知道方法就算了，还让我每天都做些没用的事，怪不得你写了这么久还写不好，那些大神肯定有其他的捷径之类的话。

我有点生气，我和她说，写废二十万字是圈内的一个大神说的，这是最低的一个天才标准，他写废了一百万的手稿，你可以随便去问其他的写作者，任何一个当红作家都有几十万字练笔的经历。

之后，我就没有再说话。

这是一个你坚持了、努力了也不一定会被人看好的圈子，一个写了十几年的前辈，从正值青春写过而立之年，期间有为了拼一把全职过，有迫于生计，白天工作，凌晨写稿的经历，十几年后终于出版了她的第一本书，卖得不错。大家都为她终于熬出了头感到开心，结果半年之内也没有编辑再联系她写第二本，昙花一现，还是默默无闻。

我身边有不少做公号的作者，有的日更几千字，绞尽脑汁，走在路上想立意，坐公交的时候想例子，不浪费一丝的暗时间，一坚持就是大半年。

所有的作者也都经历过凌晨码字，熬夜写出一篇自认为还不错的稿，投出去，被拒，再投，石沉大海，无数次怀疑自己的能力，最后也只能把它放在一个叫作练笔稿的文件夹里。

之前有一个圈里的大神在作者群里和我们探讨写作的问题，探讨是大神自谦的话，真实的情况是大神和我们分享她的一点心得。

她说，她在初中的时候就开始写作，大学毕业，写过的手稿将近一箱。后来又在网站写过长篇，第一本扑了，第二本也不火。

有段时间她觉得自己这辈子可能都不会火了，她很着急，每天把自己关在小黑屋里写东西，也不看书，也不再学习。

很快，她发现自己翻来覆去，总是那么几句话在说。

也是在这段时间，她停了下来，审视自己之前的写作经历，看自己之前写过的文章。

她发现，她写的东西太流于表面。

又坚持了好几年，终于才写出来。

她和我们说，写作这种事，就是一个沉淀的过程。别太想坚持了两个月就成功，慢慢来，急不得。当你足够优秀的时候，你才有被发现的可能，没有一颗成长的心，再有理想也是空谈。

我有关注她的公众号，成神这么久，忙于公司之外，还坚持每天更新两篇文章，一篇在早上推送，一篇在凌晨推送。

原来所有人的写作状态都差不多，只不过有人在努力，有人更努力一点。

我确实没有欺骗那个写字不久的姑娘，写作这条路真的没有捷径。足够的积累才能让你取得一定的成绩，厚积薄发就是这个道理。

成功其实与年龄无关，它只和你付出的精力、投入的时间成正比。

有人二十岁成名，你并不知道他在五岁的时候开始写作；有人三十岁还在碌碌无为，其实他一直没有认真地对待过一次自己的工作。

别担心自己成名太晚，也别担心自己不会成功，只管做好你眼前该做的。

怕什么真理无穷，进一寸有一寸的欢喜。

## 路还没有走到头，所以你必须撑下去

大一那年活得很穷，不想和父母要生活费，周末和没课的时候整天出去做兼职。

当时的自己没有特别的技能，获得兼职的途径也少，中介会在兼职群里发布兼职的信息，接到的都是一些地产发单或者维持会场的活。

一天的工资能有九十块钱左右，中介抽三十，到了做兼职的人手里只有六七十，每一个大的兼职地点都需要一个领队，相当于这几个兼职的人的小组长，兼职的过程中其他人有什么问题，领队要及时解决，解决不了的要及时反馈。

领队的工作重，工资比其他人多十块钱，为了这十块钱，每次中介发布兼职的时候我都会第一个报名申请做领队。从学校到兼职的地点需要转车，这十块钱就是我来回的公交费，接到近一点的，不需要转车的兼职还能省下四块钱。

当时自己还没有时间成本的概念，只知道兼职的钱省着花能撑过一个月，坐公交的时候会区分是不是K字开头的公交车，K字开头的是空调车，比普通的公交车贵一块钱。中午吃饭只点一份麻婆豆腐，因为麻婆豆腐便宜又下饭。

尽管这样，钱还是常常不够花，月底的时候出去做兼职，身上的钱只够坐车和吃饭。学校距离市里特别远，要坐一个多小时，只有一班公交车，从起点站坐到终点站，早晨五六点起床赶公交还能接受，但是晚上回来的时候，如果不去起点站坐车，我根本连挤上车的机会都没有。

当时觉得生活好辛苦，大冬天，别的同学都在宿舍里打游戏，自己顶着零下的气温，站在路边发广告。大一的时候迫切地想证明自己可以经济独立，我的性子倔，父母给我打电话，再难的时候我都是报喜不报忧。他们只知道我在课余时间做兼职，我没和他们说过在做什么，一天只挣七八十。

有一次我做领队，地产回馈一期业主举办抽奖活动，需要十几名活动人员，我们要在这个地产公司之前的售楼处集合，等人齐了，再坐公司的班车去新的售楼中心。结果，被两个做兼职的同学放了鸽子，迟迟不来。之前没遇到过这种情况，没有处理的经验，我让其他兼职的小伙伴先跟班车过去，自己在集合的地点等他们。

零下几度的气温，在外面等了半个多小时，后来中介给我打来电话，问我怎么还没去公司，我说有两个人还没来，在集合处等他们。他不听任何解释，把我训了个狗血淋头，训完之后，要我马上打车去带队，晚上发工资的时候给我报销。

接完电话之后特别委屈，觉得这不该是自己的错。比委屈更难受的是身上只有十几块的午饭钱，打车去公司，中午就只能饿肚子。我问自己，要不要为了这几十块钱受这份委屈，结果是要，我需要这几十块钱来撑过这两天。

在打车的时候遇到了这个房地产公司的经理，他问我是不是去他们公司做活动的兼职人员，我说是，他冲我笑了笑，招呼我上车。我没做活动引导，他让我在他身边整理这一期的活动资料，都是些琐碎的工作，整理了一上午就全都做完了，给他把资料放到一个文件夹里，他让我等等他，中午请我出去吃饭。

两个只见了一面、以后也不可能再有交集的人，我想不到他请我吃饭的理由。但他那天的举动，从带我去公司到请我吃饭，确实感动了我很久。吃饭的时候闲聊，他问了我在哪上学，都做过哪些兼职。还是年纪小，说起做过的兼职时，越说越难受，没忍住，向他倒了一大堆生活的苦水。他始终笑呵呵地听我说。

自己倾诉完，我问他："你有没有过觉得生活太难，撑不下去的时候？"

像他这种三十岁左右就做到了公司的经理，在我当年的认知里，他一定是一路加薪，顺风顺水。没想到他看着我点点头说："有过。"

说起生活多艰，每个人都会觉得自己像是在游戏打怪，每一关都诸多困难，但爆出装备、获得宝箱的概率又少之又少。有的人相信着自己闯过的关、吃过的苦都是为了有一天能成为全服的上榜玩家，但大多数人走了太多路，终其一生还是只能在新手村做任务。

任务太难做，我们可以退出；游戏太难玩，我们可以卸载；可是生活太难，我们能够怎么办？

善于鼓励的人和我说，只要熬过这段苦日子，生活就能迎来光明，可是好多人熬了那么久，生活还是没有改善；《东邪西毒》里面说，每个人都会经过这个阶段，见到一座山，就想知道山后面是什么。我很想告诉他，可能翻过山后面，你会发现没什么特别。

我们一直以为电影结束会有彩蛋，困难之后总会有惊喜，事实是，我们在路上走了这么久，还是没有看到路的尽头。

难过吗？绝望吗？难过绝望之后，除了撑下去，我们还能怎么办。

要知道，这个世界上不是只有自己一个人在生活里负重前行，每个人都一样。

吃饭的过程中，经理给我讲了他的故事。

大学毕业，父母要他回家，他不顾父母反对只身来了北京，年轻人，谁没点理想，闯闯大城市。

第一年，找了份地产文案的工作，月薪三千，为了方便上班，在公司旁租了间房子，减去房租，每个月只剩下一千块钱吃饭。来北京小半年，没爬过长城，没游过故宫，原因简单，时间和钱包都不允许他这样做。

当时的生活苦是苦了点，但好歹热情还在，每天心心念念的都是总有一天熬出头，晚上站在窗边看看世界的灯红酒绿，再泡上一桶红烧牛肉面，竟也吃出了肉的感觉。

工作半年，攒下两千来块钱，买了辆电瓶车。他想的是自己有了交通工具，就能找份兼职，周末出去玩玩也不错。电瓶车载了他一个月，终于从载一个人变成了两个人，他交了个女朋友，一个和他一样漂着的温州姑娘。

两个人住到了一起，他第一次觉得漂着的心有了家。为了给姑娘一个好的未来，他加班加点地工作，上班之余接私活，每天都要熬夜到一点多。

人生有了奔头就不觉得累，他不光熬夜，每天早晨都会早起买两份早餐，吃完早餐，两个人各自去工作。晚上的时候在她们公司楼下等她下班，骑着电瓶车载着她回家。

这样的日子持续了一年多，她的父母嫌他挣得少，担心女儿跟着他受苦，她觉得和他在一起没有未来，不想日后一辈子为了柴米油盐斤斤计较。她和他说分手，他打死不同意。她回了温州老家相亲，他觉得有她的地方才是家，跟她回了温州，希望她能回心转意。

感情真的是人生中最大的不公平，恋爱的时候需要两个人同意，分手时只需要一个人说分手。既然所爱隔山海，那就越过山海来找你，辞了北京的工作，又在温州找了份和地产相关的工作，直到半年后，她结婚了，嫁给了一个做进出口贸易的小老板，他的心彻底凉了。

讲到这儿，他说："这是我第一次觉得自己再也无路可走，撑不下去了。"

当晚喝了很多酒，骂姑娘物质，恨自己没用。他没办法做到祝她幸福，也没办法让自己不难受，他只好买了最近的车票逃离这里，一个人又回了北京。

回了北京他把自己关在出租屋里一周，除了吃东西以外，剩下的时间他都躺在床上，思考人生。效果很显著，身上的钱花光了，他只有两个选择：回老家，站起来找工作。

他托之前的同事帮他找了份类似的工作，工资比之前的公司开出的工资高，毕竟有了从业经验，多多少少都会有薪水上的提升。丢了任何与前女友有关的东西，包括电瓶车，打算重新上路，开始新的人生。

他和我说："第二次觉得撑不下去的时候是因为父母住院，花了一大笔钱，每个月的工资减去房租之后大部分都会寄给家里还债，穷困潦倒的时候连续一个月没吃饱过，去公司上班都是跑着去，舍不得钱坐地铁。"

他晚上睡觉都睡得很早，因为没有钱吃晚饭，睡着了就不觉得饿了。有一天晚上还是被饿醒了，窗外的街上还亮着灯，十二点，他决定出去吃点东西。

楼对面的馄饨店正准备打烊，他叫住老板，问能不能做碗馄饨，老板招呼他先坐下，五分钟，一大碗馄饨出锅。这碗馄饨的量比他平时吃的馄饨多了一倍，一个二十几岁的大老爷们儿，一边吃一边抹眼泪，最后老板没收他钱。老板说，这是今天剩下的馄饨，冻一晚上明天就不好吃了。他不知道老板说的到底是不是真的，他只知道在他觉得生活不会有任何希望的时候，还是有人用他的善意温暖了自己。

可能是穷怕了，之后他玩命地工作，逮到机会硬着头皮也要冲上去，生活一步步变好，后来，他从北京总部调到这里带项目。

他在讲这个故事的时候，除了追忆生活，看不出任何抱怨。他说这些生活教会了他一个道理，“路还没有走到头，与其抱怨，不如拼命往下走。”

里尔克说过一句话，哪有什么胜利可言，挺住就意味着一切。

没有谁的人生是好过的，即使在你眼里看来一帆风顺的人，在其他地方同样需要面对生活里的难处。我们不能改变环境对我们的影响，但我们可以让自己活得更有勇气，更加坚定。

不论如何，撑下去，路还没有走到头，除了撑下去，我们似乎无路可走。

## 更长久的爱情都是彼此成长

我一直都觉得适度的吵架可以是情侣之间增进感情的调味剂，没想到分手也是。

当一段感情的维系开始困难起来的时候，不如放过自己，各自成长。

“肥猫和饼干分手了。”朋友举起酒杯告诉我的时候，我还特意看了下朋友的酒瓶，我十分确定他并不是在说酒话之后，我打通了肥猫的电话叫他来喝酒。

肥猫和饼干的爱情可以说贯穿了我整个的青春回忆。

高中的时候我喜欢上了我们校花，作为我唯一的死党，肥猫整天和我泡在网吧里百度如何追到校花。经过层层筛选和判断，最终我和肥猫意见达成了一致，想要追到校花，一定先要贿赂好她最好的闺蜜——饼干。

接下来我度过了我的青春中最黑暗的日子。为了爱情我将每天的零花钱拿来买零食，然后交给肥猫让他去找饼干打通关系。在我每天只能心怀希望，眼睁睁地看着别人吃辣条的时候，终于迎来了爱情里最重要的转折，肥猫和饼干恋爱了。就在我和肥猫、饼干三个人准备里应外合，攻陷校花的关键时刻，终于又迎来了我爱情里的第二个转折，校花转学了。

之后的日子里，肥猫由和我一起吃饭回家，变成了和饼干一起吃饭回家。周末的网吧之约也变成了陪饼干泡书店，逛街。饼干和肥猫一路相爱相杀走过七年，肥猫不吃辣，饼干她最爱辣椒，饼干睡觉早，肥猫玩游戏。七年里两个人彼此试图说服彼此但最后都以大干一场扬言分手而告终。不出一段时间，则又两个人痛哭流涕地抱在一起，要和好，说再也不提分手这种话，要爱对方也给对方空间。

只是，七年的时间里，地球会自转很多圈，水星也会逆袭很多次，两个人的感情也会有着周期性、阶段性的战争，一遍遍上演着，你改变我，或者我改变你，最后则又变成了：让我们相爱，不分开。

他俩第一次吵架的时候，我是真的以为他们能分开的，甚至在他俩刚在一起的时候，我也觉得他俩走不长，毕竟，他们的爱情是建立在我的零食的基础上的，虽然这只是一句玩笑话。

但是，他俩竟然坚强地走过了七年，刷新了我对爱情的认识。

我却没有想到，在我要相信人间有真情人间有真爱的时候，这样的两个人居然分手了，且真的是分手了。打死我我都不信。

肥猫过来喝酒，本来我还是抱着一丝侥幸，他的分手只是骗我们的。却没有想到，他来的时候豪气冲云霄，二话没说就灌了自己两杯啤酒，我都不用再问了，就知道他肯定是和饼干分手了。

饼干对肥猫的家教特严，如果没分手，肥猫是肯定不敢喝酒的，所以，他们俩恋爱这几年，我们都是给肥猫点可乐。

肥猫告诉我们说，他这段时间，每天晚上自己一个人住在房子里，十一点之后才回家，回去之后不知道做什么，就开始切白菜，把一整棵白菜都切好，洗一洗，放到锅里炖一炖，一大锅白菜盛出来就是一大盆，自己放在桌子上开始吃，吃不完就放到冰箱里。第二天晚上回来，又是十一点左右，开始切茄子，切四五个茄子，洗好，放到锅里炖一炖，一大锅茄子盛出来就是一大盆，自己放在桌子上开始吃，吃不完就放冰箱里。

我脑子里的画面感很强，盯着面前的肥猫，听他讲这些故事的时候，除了凄凉竟想不到别的词。

没有想到，肥猫却又喝了一听崂啤，和我说道："我从来没有这么惬意过，饼干不爱吃白菜，不爱吃茄子，我就几乎不吃，我这下要吃个够。"

我和朋友互相看了一眼，确定，肥猫应该是真分手了吧，要么这种自虐的单身汉邋遢形象，不能表现得如此淋漓尽致才是。我们就这么眼睁睁地看着肥猫自己喝了五杯啤酒之后，趴了。

一边趴着一边念叨着："我之前觉得我特不自由，你说，我和饼干同居三年，她什么都想改我，不让我喝酒，不喜欢吃白菜，不喜欢吃茄子，夏天不让我穿拖鞋大裤衩到处窜，非得穿得人模狗样。我是个负责任的男人，她饼干跟了我，我就不准备抛弃她，可是我无时无刻不想躲她远点！你说哦……我们现在分手了，我躲她远了，我怎么喝酒也不开心，吃白菜吃一天就不想吃了，吃茄子吃一顿也就不想吃了呢？”

肥猫一边问着我，一边自己摸了手机就开始打电话。过了没多久，饼干就来了，抓着肥猫，说道：“丢人现眼！喝两杯啤酒就醉，还总是喝喝喝，说好的为了我再也不喝酒呢？”

说完了，和我们说了几句话，乖乖地就把肥猫送回家了。

这一次，我们以为的真分手又没有分成，两个人试图挣脱彼此之后，又紧紧地回到了彼此身边。

据说，冰箱里放的两大盆白菜加两大盆茄子，饼干这一次没有扔，而是上顿接下顿，顿顿吃白菜茄子，都让肥猫吃完了。

肥猫后来看到茄子和白菜，脸都要变成茄子白菜色。

而且，我们还收到了他们两个人结婚的请帖。

好景不长，没过多久，就又传来了两个人分手的消息。肥猫主动告诉我，他说，这是他与饼干商量好的，叫作七天试分手。

意思是说：因为两个人感情到了一个阶段，互相看对方都有些不太顺眼了，那就提出和平分手七天。这七天内，谁都不许联系谁，试着分手，让彼此七天内过单身生活。

我简直被两个人的逻辑吓到了，我问他们，就不怕试分手变成真分手？

肥猫自信地说道：“七年的时间，我们两个已经熟悉到了彼此几点上厕所、一天喝几杯水都了如指掌的地步了，她离不开我，我也离不开她。分不了的。”

“那玩这个游戏，岂不是很作？”

“这叫给彼此空间。爱情这东西，两个人在热恋时期总是恨不得两个人是一个人，吃饭在一起，散步在一起，恨不得上厕所不分男女，都一起上。可是热恋期一过，两个人在一起时间长了，就会渐渐厌烦，却又知道彼此深爱，不能分开，于是就在不断地妥协与失去自我，这样的感情不好，会慢慢让人喘不过气来。所以，不如分开一下，给对方一个时间去成为自己。成为自己之后的时间，再彼此更好地在一起。”

肥猫平时话很少，这一次说了很多话。

我特地看了他一眼，嗯，他是清醒的，还没有喝醉。

当一段感情，慢慢随着时间的流逝，两个人的成长步伐不一致的时候，就会出现这种情况。

互相的不理解、厌烦、妥协，不如放手变成彼此成长的理由。

而一段感情若想一直维持长久，我觉得，共同的成长也是很有必要的。

只有互相成长，才会成为一直携手并肩的伙伴。

## 太多人替你过了你想要的生活

我有段时间，日子过得很颓，这种颓和不上进无关。

最开始的时候，我找了一份实习的工作，这份工作很无聊也不需要激情。我们同事中午一起每人出十几块钱，凑在一起去隔壁大院职工食堂点份麻辣香锅，再买一瓶冰雪碧，一边就着米饭一边听那些上了几年班的同事讲着，“公司里好像有一个行政生孩子了。”“隔壁部门有个姑娘嫁了个大款。”“这个月工资好像又得晚发几天。”“哎，曾经刚毕业的时候，我想去西藏。”

每当谈到去西藏的问题上的时候，我都忍不住插一句嘴，“什么时候去，我也想去！”

然后就没有然后了。

后来，我就不和他们一起吃饭了，我换了一个同事吃饭，这个同事是我的上司，一个毕业两年的研究生，初为人父。

他带着我一起走两个路口去吃手擀面，聊一聊今天上午看了点什么资讯，完全没有上司架子。后来，他告诉我说，他想去北京，去北京多好，在这个小城市，没意思，不带劲。

我说："去啊，我也想去，我现在是学校在这儿，实习的时候学校还有点事，来回跑太麻烦，毕业我一定也去！"

然后，他也没有然后了。

我和他吃了一段时间的手擀面，他和我重复着说些资讯，然后谈一谈别人的生活。

日子也就这样一天一天地过。

后来，我就颓了。

我觉得，我发现我曾经想的生活并没有意思，我日复一日地去上班实习，挤公交车，不迟到，规规矩矩。然后，和理想无关，周末只有一天休息，这一天中，我只用来睡觉。

我一度以为，生活大概就是这样的时候——毕竟旅行没钱，生活无趣，成人的世界只有死气沉沉，我在某个周末被拉着去了一家咖啡店。

老板叫小五，与她男人一起开的店。

这家店的咖啡格外好喝，且我坐进去没多久，咖啡屋里人就差不多坐满了。

且每个客人都是小五的朋友，或者是朋友带来的朋友，由客人变成常客，由常客变成熟人。

小五煮完咖啡之后，有时候会和客人聊天，有时候会逗猫。

她家的猫并不是什么名贵的宠物猫，朋友说，它是小五在旅行的时候捡来的，捡它的时候还对小五爱搭不理，扔到咖啡店之后，小猫好像想通了，整天腻着女主人撒娇。

因为我喜欢这份生活，也喜欢这只猫。周末无事，我就多来了几次。

渐渐知道，小五是之前学的经济，大学的时候一直喜欢咖啡，毕业没有找和专业相关的工作，去跟着一个师傅学了咖啡。后来认识了现在的男人，一起回到这个地方开店做咖啡。

一年固定两次旅行，旅行的话也一定会参观咖啡店。

小五的生活是我艳羡的生活，有诗有酒有老友，有生活，有远方，还有陪你一起把风景看透的爱人。

我特羡慕，几次想像小五一样，后来冷静了一下，这有些难，我没钱。

且小五煮的咖啡这么好喝，人家是有一技之长，咖啡店才能开下去的，我不行。

我向小五说了我的疑惑，小五说："其实，我也考虑过这个问题，没有钱的问题，咖啡店的钱是前几年在咖啡店打工攒的。后来，刚开店也没什么钱，但是，喜欢的事情就要去做啊，不做以后肯定会后悔的，你就咬咬牙，坚持坚持再坚持，事情总会有解决的办法。慢慢地咖啡越煮越好喝，客人也越来越多。"

年轻的时候，我和很多人一样都想过未来要很有意思。没有钱就去穷游，一路打工，一路旅行。去疯，去玩，去浪，去认识很多有趣的人。

等我们终于到了未来的年纪，又发现自己真的穷，却不再敢游。觉得温饱都还没有解决，谈什么旅行与消费。自己省吃俭用，舍不得买衣服下馆子，好不容易攒下的两个钱，都不够首付的零头，哪有什么闲钱开个咖啡店，去追自己的理想啊。

生活如此艰难，想要的生活还是想想就算了。

可是，我认识小五的时候，我却发现，其实想要的生活也并不是没有可能去做，无非是需要一些勇气，需要一些投入，还需要更多的实践。

生活还是有变好的可能。

那个时候，我不太颓了。

不颓了之后，给自己定了一些目标，慢慢去实现了之后，就认识了一些新朋友。

阳阳是我敬佩的另外一个人，为啥我佩服，是因为这人比我会玩。

我认识她，刚加她朋友圈的时候，就被她去过的地方吓到了，而且觉得不太可能。

她和我一样上班，拿着不多的薪水，挤着一样的公交。但是她朋友圈里却比我去过的地方多太多了。我向她表示了羡慕。她说如果心情不好，或者发现一个好玩的地儿，她就会带上存款，一张车票。也不计划，也不安排，留够这个月的生活费，把钱花光了再回来。

我问她，不担心回来之后吃土吗？

阳阳说，她最开始也觉得生活这样作日子就要吃土了，可是她发现，即便自己不去玩，每个月到月底也是没钱，稀里糊涂地也能把钱花个干净，月月吃土，从未改变。但是出去浪过之后就不一样了，知道自己把钱花在了哪，也心甘情愿，回来了即使吃土也是神清气爽开阔眼界地吃土。

我听完的时候，有些不可置信。

结果，这确确实实就是阳阳的生活。

山本文绪在《蓝，另一种蓝》中写过，这个世界肯定有另一个我，做着我不敢做的事，过着我想要过的生活。

以前看这句话的时候，我在想那这个人一定是比我生活优越多了。

现在想一想，他不一定比我有钱，但是一定是比我有勇气多了。

渐渐地，我们就发现，同一批的人都过成了各自的模样，当初同一起点的人，慢慢地就成了你生活的榜样。

太多人做了你不敢做的事，也有太多人替我们过了我们想要的生活。

为什么呢？

大概就是因为，那些人在我们犹豫再三的时候，去试了一试，在我们烦恼的时候，去努力解开了烦恼。

在我们想着能去哪里玩以及计划永远赶不上变化的时候，他们早已经上路吃吃美食看看景，随机应变路上可能遇到的问题。

后来，我辞职了。

当然并不是裸辞，也不是去旅行了。而是，我实习期结束之后，我想试一试我自己想做的事。

我给了自己一个期限，也给了自己一个时间，还给自己写了一些目标注意事项之类的，我想去试一试，我如果努力去做，我能不能成为我想要成为的那种人。

能不能替别人过别人想要过的生活。而不是望着别人的生活说，好羡慕。

我发现，这件事其实没有想象中那么难，也没有想象中那么简单，但是感觉还不错。

至少，不觉得颓了。

## 你还记得你是怎样一点点慢慢变好的吗?

我这个人对太多事情感兴趣了，所以就加了各种兴趣小组之类的，而想学理财完全是因为觉得自己现在还算有时间，虽然目前还没有财能够让我理。

我在理财群里认识一个人，当时群友们都做了自我介绍，报了坐标，没想到我们俩居然还在一个城市，她加了我的微信，说有机会多交流。

我管她叫黎姐。

她和我一样，说是理财小白，但是她其实懂的东西很多。

我初来乍到，她却在这个圈里磕磕绊绊很久。

她买过几支股票和基金，都涨势不错，我毫无头绪地在股市里投了些钱，血本无归。

我很气馁，就准备再也不碰理财之类的事情，也不想学什么分析的理论了，准备以后就安心地在银行储蓄，连银行理财产品都不买。

我觉得理财这种事，只适合他们那种脑子好使、数字敏感、逻辑清楚、擅长精打细算以及思维缜密的理科生。

黎姐和我喝咖啡的时候，为了安慰我，给我讲了这么一个故事。

她说她从来不相信，这个世界上真的有不会读书的人。直到大一开学她遇到了一个舍友，她开始相信了。

舍友从小学到高中几乎没有看过课外书，她听说过的书的名字也仅限于四大名著。黎姐称自己是一个书霸，初中的时候除了课本，喜欢读各种书，这种良好的读书习惯一直到延续到大学，累计在买书上花的钱也有几万块，但是考试成绩一直都低分飘过。舍友们聊起某本书的时候，黎姐都能接上话，和舍友们谈谈里面的人物和感受，即使有她没看过的书，她也能说出这本书的作者，然后把话题过渡到这个作者的其他书。每到这个时候，舍友都一脸懵逼地听着其他人聊天。

这个舍友第一次读书是在图书馆借了一本快销书，读完之后，拉着黎姐说这本书特别棒，大谈自己读书后的感受，黎姐不喜欢读这种快销书，觉得没营养，讲的东西太浅显。黎姐听她讲完，又给她推荐了几本同类型的写得比这一本有深度的书，舍友显然还没从刚刚读书的兴奋中走出来，匆匆记下，又赶忙和她分享读书的喜悦。

黎姐说：“讲到这儿我就想起我第一次读书的经历，我的启蒙书是作文书……”

抱歉，我没忍住笑出了声。

她瞪了我一眼接着说：“其实每个人在最开始做一件事的时候都是一个学步的状态，像我这种当时读个作文书都能读出很多收获，而且我认识的每个人在读第一本书的时候都是读一些深入浅出的书。”

舍友读完黎姐推荐的书之后又读了几本这个类型的书，随着她读过的书越来越多，眼光也开始变得挑剔，对这种书失去了兴趣。

之后放了一个寒假，寒假回来宿舍夜谈的时候聊起读过的书，她已经能和舍友们插上话了。

大家刚认识的时候她经常乱用成语，自己组装句式。例如，看了场电影很开心，她会说，今天的心情很晴朗。后来熟了，舍友们觉得她说话的句式很好玩，互相开玩笑，模仿她说话的句式。读书之后，她最大的一个进步就是在说话的时候不会再发生用错句式、词不达意的情况，发表对某件事情的看法时也更有深度，眼界比之前开阔了不少。

再后来她就不知道自己喜欢读什么书了。读完一本书之后往往不知道下一本读什么，在书店逛上一圈，也找不到自己感兴趣的书。

她让黎姐给她推荐几本，黎姐问了她最近喜欢读的一本书之后，给她列了一个小书单。果然这些书都特别对她的胃口。她觉得很神奇，问黎姐："你是怎么快速找到读书的兴趣点的啊？有什么好的方法吗？"

黎姐想了想自己看书时的体会说："其实也没有特别的方法，我在读《红楼梦》之前是先读的一本解说《红楼梦》的书，然后我才对《红楼梦》产生了兴趣，之后就读了好几遍。我在看到一本自己喜欢的书的时候，书里面提到的其他书名我都会记下来，一般来说，这本书里推荐的其他书自己也都喜欢。"

后来舍友慢慢有了自己的读书心得和方法，之前她的生活过得很糙，慢慢她就感觉自己在对待生活的态度和谈吐上和之前都有了挺大的变化。

黎姐端起眼前的摩卡喝了一小口，她说："其实我现在也算是理财入门了，之前是一点都不懂，慢慢接触了之后，还知道了一点每个月的工资怎么分配更合理。"

她最开始也想过理财，但自己不懂啊，听说股票是有钱人玩的东西，基金什么的又没买过，没有经验，每个月挣得钱都存进银行，但是一年也涨不了多少钱的利息。

她听别人说，想学理财得先学记账，自己买了个账本，坚持每天记账，后来发现其实除了月底能用到账本，其他的时间也没有收入和支出，每天过得可单调。为了记账，她就坚持每天出去花钱，到了月底发工资之后自己再把一个月的支出和收入统计一遍，当时就感觉自己在理财，记账成了最大的乐趣。

后来，自己在微信上也关注理财的信息，慢慢就知道除了记账以外更多的理财方法。现在在学习股票和基金，等我挣得钱再多一点点的时候，我理财的收益就够我逛逛街，喝喝茶了。

黎姐说："其实我之前的工资和开销都没数，只知道每个月的钱都不够花，一团乱麻。记账本身这件事其实并不能增加我的收入，但通过记账，我知道了自己的收入和支出情况，也能给自己未来的财务做一个评估。我在财务方面确实是在记账之后才越来越好的。"

她并不算是一个理财的小白，只有我自己才是真正理财的小白。

但是，听她说完这些话之后，我知道，是我自己太心急了。

所有的事情，即使想要快速地要一个结果，都还是需要一个过程的。

生活中美好的事都不是一下子发生巨大的改变，都是有一个慢慢积累、慢慢变好的过程。读书和理财等好多事情都需要的是细水长流，在刚开始学习的时候可能会有点难，有点狼狈，甚至像我这样会赔点钱。但当你坚持下来，取得一点小成绩的时候回头看看，你的改变正是从这些困难的日子里开始发生的改变。

几年前你的英语还不及格，而现在你已经过了英语六级；几年前我们还为了体重、为了变美而发愁，现在我们也都变成了自己喜欢的模样。回头看看自己的经历，没有一段时间突飞猛进，改变一直都是今天比昨天更好一点，然后你变成了今天的自己。

仔细想想，我似乎也能想起来，我是怎样狼狈着一点点挪到现在的。

特别是在某些擅长的领域里，更是经过了长期的摸索。

## 跑不快的时候可以慢慢挪

四月初的时候，胖子约了我爬山，我以为他只是随口说说，我也就随口答应了。毕竟爬山这种事，对胖子来说还是太难了。

之前看到过一个说法，人在爬山的过程中，每走一步关节所受到的压力相当于自身体重的四倍，我也问过身边其他的胖朋友，他们都在说，胖子爬山，绝对是自己跟自己过不去。

没想到四月中旬他又给我打来电话，说他已经定好了明天的门票，问我有没有时间。隔着电话，我都能感受到来自一个胖子的决心，说实话，当时我的想法是，没爬过山的胖子不知道爬山有多累，但是如果我这时候拒绝他，又觉得太打击他的积极性，陪他走一趟，大不了爬到半路再下来。我们俩定了最早的车票，并且约法两章，累了就歇，别死撑；不行就撤，别墨迹。

他说，成。

第二天阴天，爬山的人不多。我和他爬到五分之一的时候，他就累得满头大汗，开始大喘气。山脚这段路是最好爬的，路缓，体力也足，但看他现在的状态，感觉再向上爬也爬不了多远了。我给他在山边的小摊上买了瓶水，他一口气喝掉半瓶，歇了十几分钟，他站起来招呼我一声，我们继续上路。

在半山腰处有一个红玛瑙溶洞，这个溶洞特别曲折，先向下，再向上，前面的一小段还有台阶，后面向上爬的位置越来越陡，都是直上直下的梯子，我在前面探路，几个洞口都很窄，头顶上还有岩石，像我这种严重偏瘦的人都要爬到洞口，弯着腰才能走到开阔地。我爬上几个岩洞，向上看还是看不到头，好像这个溶洞没有出口，一会儿我爬到尽头，还得沿着直上直下的梯子再下去。我和胖子说："上面太窄太陡，我都觉得难爬，你就别上来了，你先回去，在出口等我。"

胖子说："你都觉得难爬了？那好，我试试看是不是真的很难爬。"

我看不到胖子，听他的声音虽然在大口喘气，但声音里还是透着一股韧劲。我站在原地等他，只见一团肉从洞口挤出来，先探出头和手，双手扶地，一点一点向上挪。胖子挪上来，我和胖子说："这个洞可能没出口，一会儿还得爬下去。"胖子说："既然来了那就爬呀，不爬到最后怎么甘心再回去。"

后来，我们爬完最后一个梯子终于看到一条向上的路，走出洞口的一瞬间，觉得自己完成了一件特别了不起的事。

出了溶洞，胖子拉住我说："先歇歇，我走路都走不稳了。"

天不热，但胖子还是出了一身汗，我问他："还行吗？不行的话咱就下山，也穿了溶洞，这一趟不遗憾了。"

胖子特别坚定地说："我要向上爬，我爬得慢，你可以先到山顶等我。"

我不放心他，跟着他爬剩下的路。到了两千九百级登天梯台阶的时候，他已经到了身体的极限，走几阶台阶就要歇一会儿，一步一个台阶地向上挪。身后的登山人追上来，再超过我们，胖子不疾不徐，还是爬几阶歇一会儿。迎面有下山的游客，看起来心情不错，我打了个招呼问他："上山还需要多久？"他看看我说："正常爬的话还有一个小时，爬得快了四十分钟。"剩下的路我和胖子又爬了三个小时，我一度以为他坚持不住了，他始终以前进一小步就是一大步的姿态坚持走到了山顶。

到了山顶后，想想爬上来的这几个小时，虽然慢，但还是得承认这是一个有恒心的胖子，至少在山脚的时候我没想过胖子能够爬上来。显然胖子有点兴奋，一边哎呦着说脚痛，一边一瘸一拐地跳到各处看风景。

爬山这种事，有人说过程最重要，也有人说路边的风景也很美。当我爬到半山腰，再也爬不下去的时候，我也会这样说："体验过了，就没遗憾。"可是，谁在登山的时候不是奔着山顶去的呢？我想没有人会兴致勃勃地和小伙伴说："我要登上半山腰！"我们爬着爬着就累得没了力气，也就只能劝自己，"山顶的风景其实和半路是一样的。"至于是不是真的一样，也只有登顶的人才知道。

其实我在登山的过程中有两段路都产生过放弃的念头，一段是在爬溶洞，不知道有没有出口的时候，另一段是在登天梯，感觉像是很接近山顶了，却又看不到山顶。这两个念头在脑子里闪了闪也就丢掉了，因为我身边的胖子还在坚持着向上挪，不看看终点，又怎么能甘心呢？

之前在网上看到的一个故事。费罗伦丝·查德威克是英国一位34岁的妇女，她从海岸以西21英里的卡塔林纳岛上涉水下到太平洋中，开始向加州海岸游过去。这次，如果她成功了，她就是第一个游过这个海峡的妇女，在此之前，她还是从英法两边海岸游过英吉利海峡的第一个妇女。

下水的当天，大雾笼罩了整个海岸，海水也冻得她身体发麻，她几乎看不到护送她的船。千千万万的人在电视机前看着直播，时间也一个小时一个小时地过去，直到第十五个小时过去了，她感觉终点应该不远了，但是她朝着加州海岸望去，除了浓雾，什么也看不到。海里的她又冷又累，要说咬牙游下去，她也还有游下去的力气，但是看不到目标，却让她失去了游下去的勇气。

几十分钟后，她喊人把她拉上了船，人们拉她上船的地点，距离加州海岸只有不到半英里。查德威克小姐深受失败的打击，如果她在这时候能够再坚持一小下，她就能成功地穿过海峡。在她的一生中，只有这一次没能坚持到底，她游过那么多海岸，游了那么远路程，要说不遗憾，才是骗人的。

高中的时候参加运动会，因为经常迟到，班主任没事先通知就私自给我报了个三千米。

在运动会之前我是跑个一千米就能累倒歇三天的人，再加上基本不锻炼，接到这个通知的时候其实我是拒绝的，班主任给我列了两条路：第一条是跑三千，第二条是新账旧账一起算，等学校给我处分。虽然没犯过大错，但小错一直不断，我肯定不能选第二条。

从没跑过远程，体力分配不均，一圈又一圈，也不知道跑了多久，跑到后面就再也迈不动步子，隐约记得当时还有两个同学跑着跑着就停了下来，然后坐在了地上再也跑不动。我和自己说，不能走，不能停。只记得跑到后面眼前的跑道都开始乱晃，耳边还能听到班主任一直在冲着我喊“加油”。跑到终点的那一刻，班上的两个男生架住我，我问他们：“到了吗？”他们说：“到了到了。”剧烈运动后是喝不下水的，水到了嘴里都变成粘液，前几口水一定要先漱口。那些停下来的同学再也没有到终点，两个人选择的是弃权。他们在停下来的时候我也已经力竭，其实只要再撑一下，哪怕跑得再慢，都一定能跑到终点，当时我想到的一句话是，行百里者半九十。

你有没有过跑不快的时候，自己努力了好久，却还是看不到希望就只好说了放弃。

你有没有过在迷茫处、意志最不坚定时，脑海里有两个声音，一个说，停下来吧你已经尽力了；另一个说，再坚持一下，你还能咬牙走过这段路。

其实，当我们跑不快的时候往往也是接近终点的时候，别停下，慢慢挪，我们挪的每一步都会是距离终点更进的一步，挪着挪着，也就看到了希望，挪着挪着，也能到自己想要到的地方。

# Chapter 4

# 所有的热爱，都要不遗余力

## 做一个凶猛的实践主义者

有个周末，我陪朋友参加了一次自媒体作者的聚会，聊着聊着聊起了读者受众。

我好奇地去问身边写励志专栏的朋友，你们的读者每天面对的都是什么问题。

他将他的手机递给了我，让我看留言后台。

有一条留言大概是这样的：

“我今年二十三岁，即将大学毕业。在过去的二十二年里，生活也有过目标，高中的时候就想考大学，等到了大学整天奔波在图书馆和社团，生活得也还算忙碌。直到毕业越来越近，身边的同学都在为未来做打算的时候，忽然觉得自己的目标不见了，大学四年也没有学到一技之长，想考研，又羡慕已经工作的同学，担心未来被甩下，想就业，又怕自己找不到好工作，想了好多关于自己未来的发展，直到身边的同学一个个都找到了工作，自己还是不知道怎么办。”

还有留言问，自己的大学生活浑浑噩噩，除了打游戏就是躺在宿舍睡觉。想培养个兴趣爱好，旅行、健身，或者学一门小语种，但是转念一想，旅行太花钱，健身又太累，学门小语种可能一辈子都用不到，就又觉得自己的付出和收获不成正比。现在的生活还是老样子，希望她能帮他做出一个好的选择。

诸如此类的来信，我翻了一翻，每天都有几百封，他们都有一个共同的问题，迷茫。

特别像曾经的自己，也是有过无数次想要去问一问这些前辈们，有没有一条更好走的路，可以多快好省。

在我刚接触微信公众号、自媒体的时候，不知道自己的定位，整天想自己应该写什么类型，哪一类的作者容易火，哪一个类型最适合自己。当时也曾给在写作圈混了几年的老作者私信，希望能得到专业的指点，但是毫无例外，所有的私信都石沉大海。当年只觉人情薄凉，竟没人肯帮一把，后来有一位热心的作者回复了我，让我把写过的几种类型的文章都发给他，他帮我看看。我在屏幕前尴尬了好久，因为我还没写过任何一篇文章。

大V说："这种问题我真的不想回复，因为我知道即使我给出了建议他也不会去做。之前有一个小姑娘和我说她想学小语种，问我的建议，我给她列了一整张的学习计划，结果过了一周，她又和我说，小语种太难学，她现在很苦恼。我问她，有按照计划看书吗？她说，还没来得及看。我就不想再和她说话了。"

好多时候我们不是缺方法，而是缺实践。我们之所以迷茫的原因，无非是想得太多，做得太少。

有人说鸡汤无用，整天都在说努力、坚持等虚无缥缈的东西，真正需要面对的困难还是摆在那里，和解决问题没有半毛钱关系。如果从这个角度说，鸡汤确实无用，可是再仔细想想，要解决困难还是要自己去做啊，世界上没有任何一样东西能让你磕着瓜子唱着歌，想想解决困难这四个字，它就自己解决了。

我并不反感鸡汤，我觉得鸡汤的意义是在于告诉我们世界上有无数个人和我们面临同样的境遇，但是他们却做了和我们相反的选择。鸡汤并不能帮我们解决问题，但有的人却能从故事中获得面对困窘的勇气，这就是它最大的价值。

还有最让人讨厌的成功学，例如，“给新入职场的新人们十五点建议”“这是一条价值六百万的心得，今天免费”。有些文章的标题确实取得博人眼球，有人就说：“这么昂贵的心得，会有人好心分享出来？”说实话，我们和优秀的人之间隔着的并不是方法论，我们和他们的差距在于执行力。

所以，不要再抱怨鸡汤有毒，真正有毒的不是鸡汤，是我们自己。

说回读者来信。有读者想考研，又羡慕就业的同学，想就业，又怕找不到好工作，整天把自己的人生方向规划一万遍，最后连小小的一步都没有迈出。人生除了吃饭吃什么，真的没有什么问题好纠结。既然想工作，那就先找个公司上班，工作和考研又不冲突；工作不顺，或者觉得没意思，那就再准备考研。纠结来纠结去，朋友都在为自己的未来努力奋斗了，她却在这儿什么都没做。到最后人们又总是习惯给自己找借口，我只是在思考人生的方向。

在大学里浑浑噩噩，想出去玩，怕玩耍之后回来吃土，想健身，又嫌运动太累，想学一门语言，又觉得学语言没用，宁愿在蹉跎中度过，也不想给自己一个改变的机会，最后还要说自己没有变好的方法，不知道怎么做。换个角度想，旅行花钱，但这也是你挣钱的动力啊，健身太累，但你能让自己的身材更有型啊，学语言怎么会无用呢，人生所有的幸运都是一点一滴的技能积累起来的啊。说到底无非是懒得做，却还在抱怨自己的生活迷茫。

之前和同学讨论大学毕业之后的事情，大学毕业，是找一份自己喜欢的工作还是找一份适合自己的工作？

我从不觉得喜欢和适合有什么冲突，如果一定要把这个问题分裂开来选择的话，那就选喜欢的，因为喜欢的就是最适合的。

顺着这个问题往下说，那怎么才能知道自己真正喜欢什么工作？

这个问题还真的不好回答，我在高中之前以为自己是理科的苗子，最后却选了文科。我以为自己喜欢吃梨，后来我吃过苹果之后发现我更爱吃苹果，我找到自己兴趣的方法就是实践，只有试过了才知道自己的兴趣所在，只有尝过了才知道自己更喜欢什么水果。

还有的人喜欢求助各类的学习方法，怎么学好韩语，怎么拿到高薪的工作。解决的方案也是一大堆，有人在说努力，有人直接上干货。结果问题之后又引来更多的问题，显然对以上回答统统不满意。其实，他想问的问题是，怎么能舒舒服服地学好韩语和拿到高薪的工作。

抱歉，真的没有。

每天吃喝玩乐上网游戏还想学好韩语？每天上班迟到，工作刷剧还想拿到高薪？这世上没有不经过努力随随便便就获得的成功，如果有，那就一定是在做梦。成功的捷径只有一条，那就是坚持不懈地摸索与努力，想一千遍不如向前走两步，每个人都是小马过河，问松鼠，问老牛，水深水浅，自己走过才知道，愿你我都能成为凶猛的实践主义者。

每个人都会对自己的人生有困惑，与其企盼他人给自己答案，不如我们自己去找。

其实我们缺少的并不是前进的方向，我们真正缺的是行动的勇气。丢掉心里的小九九，别再给自己的懒惰找借口，跑起来，目标就会越来越清晰，跑起来，也就没时间去困惑了。

## 所有看似无用的努力，都会让你成为更好的人

前两天，和正准备考研的裴裴一起吃饭，裴裴和我说了她的苦恼。

裴裴在自学西班牙语，身边的朋友都劝她，“你又不去西班牙，学这么偏门的小语种有什么用啊？”

最开始只有一两个朋友这样劝，直到后来，越来越多的朋友都觉得裴裴学习小语种是瞎折腾。

裴裴一脸郁闷：“我觉得学一门语言挺好的，我又不会让学西班牙语占用我考研的时间，自学个西班牙语怎么就变成瞎折腾了。”

生活中，这种别人眼中的“瞎折腾”还真不少。含着金钥匙出生的孩子不需要努力，已被保研的学生不需要学习。你在努力完成目标之余，所做的其他努力在别人眼里都会是无用功，是消遣，是娱乐。

我完全支持裴裴在考研之余学一门自己喜欢的语言，很多事情你在做的时候往往并不知道它的意义，但是你做了，有一天你会忽然发现，这些看似无用的努力，终会成全你。

我有个高中同学叫春晓，样貌普通，性格内向，唯一的特点就是胖。高中三年，她从未主动和其他同学打过招呼。

高三英语课，老师要求每位同学上台用英语讲一个笑话。

春晓上台，脸憋得通红，不敢抬头，磕磕巴巴地蹦出一个又一个单词。

老师鼓励春晓，她反而更紧张，生生地在课本上攥出了几个手印。

后来，春晓进了一所普通的大学，一个人看书，一个人吃饭，从不参与学校里的活动，宿舍聚餐也都是坐在角落，从不参与室友们的聊天话题。

大学的姑娘都在忙着谈恋爱，春晓无恋爱可谈，给自己定了个目标，每天去操场夜跑十圈。

春晓属于虚胖的那种，十圈下来，必定大汗淋漓，气喘吁吁，回到寝室便一头栽倒在自己的床上。

室友心疼春晓，劝她放弃，还列举了一大堆的例子，论证跑步的意义并不大。

春晓学习认真，努力刻苦，每天上课之余，都泡在图书馆给自己充电，室友都觉得这样就够了，晚上应该吃吃零食，看看韩剧，放松下自己。所有人都觉得春晓在锻炼上付出的努力于她并没有太大意义，况且这半个月的跑步，除了每天把自己折腾得筋疲力尽，其他方面和以往并没有变化。

量变引起质变，这条哲学上的定律适用于生活中的方方面面。坚持了半年的高强度夜跑，春晓真的因为跑步瘦下来了，认识春晓的同学都夸赞她越来越漂亮，她的心里美开了花，瘦下来的春晓日渐开朗，在每天上课跑步之外，积极参加各种活动，生活越来越丰富有趣。

寒假同学聚会，同学都没有认出春晓，她与之前判若两人，当初羞涩内向、普普通通的胖姑娘变成了大方得体、气质与美貌兼得的女神。

和春晓聊天，听到了她这个跑步的故事。春晓笑笑："当时跑步的时候也没想过跑步对我来说有什么意义，就是觉得自己应该努力去做一件事，就去做了。没想到跑步让我瘦下来，而瘦下来，让我对生活越来越自信。"

跑步和自信看似无关，春晓却通过长时间的积累与坚持得到了额外的价值。这些价值也让生活更加丰富，更加有意义。

其实努力并不是结果，它是一种过程，而过程终会让你变得有血有肉，更美好，更鲜活。

小胖是我见过的最努力的一个作者，虽然好多人都觉得他的努力于他并没有用。

高中时段，任何与考试无关的书都是禁书，任何与作文无关的写作都是对时间的浪费，而在这些被认作是"无关"方面的努力，都会被禁止。

小胖是学校典型的违禁者。每晚夜深人静，小胖都会打着手电筒，蒙在被子里开始自己的写小说之旅，把大把的时间浪费在这"无关学习"的方面。

班主任查宿，在小胖的床下发现大量的小说手稿。没收，谈话。班主任训斥他不务正业，写这些东西有什么用。

在当时，他还不知道写作可以挣钱，也不知道写的小说可以上传到网站，让更多人看到。

然而这并不影响小胖的热情，他觉得有用，至少可以练笔。

之后，班主任不定期地去宿舍缴获“战利品”。小胖写，班主任没收，一篇篇手稿从宿舍转移到办公室，三年的时间，整整没收了一箱的手稿。

高考结束，父母帮小胖选了一门叫作生物工程的专业，据说好就业，薪资高。

大学时期，小胖变身学霸，科科A+，荣获各种全国性大奖。

与此同时，他终于知道原来小说还可以上传到网上和更多的人分享。“不务正业”的小胖变得更加“不务正业”。写专栏，写小说，夜色阑珊，梦里人已在呓语，他仍端坐电脑前，沉浸在自己的文字故乡。

身边的朋友将小胖的写作当作消遣，不能吃，不能喝，而小胖在现在所学专业上的成绩，已经象征着毕业后大公司的offer，他的写作同样在他人眼里完全是无用的努力。

命运是公平的，所有的付出最终都会加倍地回报给你。

大二下半年，有编辑找到小胖，问他愿不愿意出版，首印一万册。

大三的时候，小胖被圈内一家很厉害的公司相中，想包装他，签下五年合约。

小胖讲起写作的经历，眼睛熠熠发光。从高中到大学，他利用六年的时间来沉淀，这些在他人看来无用的努力终让小胖有了选择自己未来生活的权利。

其实，所有的经历和努力都不会是无用的，别着急，不要在还不理解的时候就下了定义。人生是一场旅行，不是一段路程。不要衡量它的距离和预测目的地。

况且，在连自己的生活还没活明白，哪有什么经验去谈对与错，输与赢。

坚定你的想法，不要被他人的看法左右。去努力成为让自己喜欢的人，然后这个世界才会喜欢你。去过你的生活，所有的询问与质疑都会日后见分晓。

从来就不会有无用的努力，我们要相信，现在的努力都会让我们遇见更好的自己。

## 让人尊重的专业性

“好的衣服就像是河水与河岸的关系。”

这句话是我在某个杂志上看到过，并不太理解，一直到后来又听一个姑娘这么说。

她是一个热衷于时尚和买衣服的少女。

她给我解释：“正常的衣服穿得久了就会变形，发旧，款式不新颖啊，穿上半年就会扔了。而好的衣服就像是为她量身定做的一样，越穿越有味道，无论流行的款式再怎么变换，它都遵循着适合的就是最流行的原则，穿上几年，都舍不得扔。就像河岸是变宽还是变窄，河水总能适应它，好的衣服也一样。”

听她这么说，好像挺有道理的，我也买过几件穿了几年还喜欢得不得了的衣服，衣服挺贵的，当时也是舍不得买，但是挑来挑去，就只中意这件，别的衣服再也看不上眼，穿在身上，也特别合适。咬咬牙买下来，才觉得买值了，一穿就是好多年，比每年换两件便宜的衣服合适多了。

她和我说："这是来自设计师的专业性，设计师用心设计出来的产品，就会有人愿意为他的专业买单。"

之前在豆瓣上看过一篇文章，写了一个服装造型师给一个专访的著名女出版人搭配服装的故事。

服装造型师也是一个女生，在确定了专访后，她就曾给出版人打电话，询问出版人的三围尺寸，穿衣喜好。为了给她搭配最合适的服装，造型师还研究了她写过的文章和生活照，从写作风格研究到穿衣风格，最后再根据自己多年的经验，搭配出最适合她的服装。除此之外，她还要跟摄影师、编辑等沟通拍摄方案，然后是准备服装、配饰，选好最佳的搭配让她出现在镜头前。

试衣当天，出版人试了几套衣服都不合适，她最后从试衣间出来的时候，只能无奈地和助理摇摇头："衣服都很漂亮，但是穿在身上尺寸都不合适。"

助理也不知道怎么办，求助地看向服装造型师。她当时的反应是，不可能，衣服都是按照她提供的尺寸挑选的，按照她多年的从业经验，绝不会出现不合适这种情况。

很快，她似乎是想到了什么，礼貌地请助理先出去，然后向出版人提出了一个请求，希望能跟她一起进试衣间再试一次衣服。

果然，问题不是出在衣服上。

在试衣间里，当她脱到只剩一件bra的时候，服装造型师终于发现了原因。因为出版人长期在国外生活，她习惯不穿内衣或者只穿一件薄薄的蕾丝内衣，而这种内衣的问题是，无法给胸提供足够的支撑，形成立体感。她们给出版人找来的服装都是特别坚挺精确的尺寸，一旦没有胸垫之类的包裹支撑，就会出现多余的脂肪堆积，使衣服看起来尺寸特别不合适。

她给出版人找来了合适的胸托，整个的专访，出版人看起来都十分得体漂亮。

采访结束，出版人和造型师说："我做过那么多采访，见过那么多造型师，你是第一个跟我进试衣间的。"

我在看到这个故事的第一感受竟然是觉得惊叹。

她前期的准备工作其他的服装造型师可能也会做，但服装出现问题，能在这么短的时间内想到是文化差异的原因，一定是经过千锤百炼的造型师才能做到。她一定要经历过太多的问题，见过太多的场面才能在出现问题的时候以最快的时间给出最专业的建议。

曾经和一个朋友在商场买衣服，朋友有点胖，好多衣服都不适合他。

他是想买一件外套，逛了几家店，也试了几件衣服，看着挺好看，穿在身上却不合适，朋友很沮丧。

我和他说："再找找看，咱下午也不急。"

他都对买衣服失去了信心，抱着买得到就买，买不到就将就的态度继续逛。又逛了半个小时，在他准备说放弃的时候，一抬头，看到了件中意的外套。

他让服务员给他拿个大一码的号，服务员说这是最大号。很纠结，他想买，这个号穿着有点小，不过将就将就也能穿，如果再看看吧，也未必能找到合适的，最后可能什么都买不到就回家了。

服务员看他买的意思并不大，也就不再搭理他，转身去照顾其他的顾客。

他问我，怎么办。

我不喜欢这家店服务员的态度，拉着他直接走了。

我们又在另一家店看到一件款式和上一家的差不多的外套，在我们进门的一刻，就有服务员跟在旁边，问我们打算买什么衣服，平时有什么穿衣喜好。

我朋友平时对穿着蛮不讲究的，什么衣服都穿，也没有什么特殊喜好。我指给服务员我们在外面看到的外套，服务员拿了个最大号，一试，果然还是不合适。

朋友叹了口气，打算不买衣服了，将就算了。

这时候服务员说："其实这一件衣服也并不是很适合你，黑色的外套穿起来会显得更瘦更精神一点。"一边说着，一边向朋友推荐了几款适合他的外套，朋友在试衣服的过程中，她还给朋友搭配了一条裤子和一件衬衫。

果然，这件外套穿在朋友身上很合身。顺便他又试了服务员推荐的裤子和衬衫，搭配了一整套，整个人的气质都大变样。

最后，朋友不光买了外套，还买下了衬衫和裤子。尽管花的钱超出他的预算好多，但朋友心情大好。

这件事给我感触很深，要说这两家店有什么区别，区别就在于服务员。要说服务员之间有什么区别，服务员之间的区别就是态度和专业度。

第一家的服务员只是在做一个每个人都会的销售，合适就买，不合适就散，你情我愿，毫无技术含量；但第二家的服务员就显得专业多了，不光给了朋友比较专业的建议，还帮他搭配了她认为合适的衣服。这样一来，朋友花钱买到了衣服心里高兴，她也多卖了两件衣服拿了更多的提成，而且，如果下次再买衣服朋友肯定还会来她家。专业的人总会得到别人的尊重。

你会不会因为一家店的菜好吃，就再也不去其他家，成为这家店的常客？

你会不会因为路边的歌手唱了一首好听的民谣而停下来，听上几首歌，心甘情愿送出自己仅剩的打车钱？

我们都有过因为某件事、某个人的专业，让你觉得自己得到了应得的价值而愿意埋单。

生活中并没有太多投机取巧，我们都习惯去佩服那些专业的人，也试图去让自己更加专业。

## 选择比努力更重要，所以我选择努力

有一段时间我经常失眠，有些时候就是纯粹的睡不着，还有些时候是因为看剧忘了时间。

三点开始，窗外就可以听到簌簌的扫地声，清洁工三点打扫，附近的小菜市场四点半就开始卖蔬菜，在街角尽头有家包子铺，六点开门，热气腾腾的大包子，飘着香，上班的人通常都会早起半小时来这里吃包子，失眠的人饿了一晚上，闻着包子香找过来，吃上两个包子，喝上一碗粥，整晚失眠的坏心情就会一扫而空。

包子店的老板在这儿卖了一年的早餐，之前的半年他都是卖肉饼，卖鸭头，后来还卖过早餐自助小火锅，半年基本没开张，生意惨淡。

有人建议他，你卖的这些都太油腻，不适合做早餐。

老板开了窍，买了笼屉，蒸起了包子，生意这才红火起来。

街角的包子在很长一段时间都是我失眠之后的两大乐趣之一。

我的另一个乐趣是，躺在床上脑洞大开，设想人生的另一种可能。

想着想着，还会将一些名人代入。

例如，鲁迅坚持学医，成为战乱时期的小大夫，医人病而不医人心。

谭盾始终在街头拉小提琴，和其他的琴手争地盘，抢地段，十几年后，谭盾成为当地街头的老大，所有想在街头拉琴的琴手都要先来他这里拜山头。

马云留在大学里做英语老师，兢兢业业二十年。在办公室加班，马云拿出手机点了个外卖，外卖的APP叫作阿里巴巴，一家做外卖的网站。

想到这里，一阵唏嘘，一个选择就可以决定未来不同价值的生命旅程，真是可怕。

幸好鲁迅拿起了笔，终成文坛上的大文豪。

谭盾在街头卖艺，赚了些小钱后就跑去了学校进修，最后谭盾登上世界乐坛，而当初和他一起在街头拉琴的小伙伴还在美国街上立山头。

马云辞了老师的工作坚持创业。几年后，阿里巴巴成为全球领先的批发采购平台，我再也没有机会吃到一个叫阿里巴巴的APP送的外卖。

我们常听到一句话，我之所以玩命地努力，就是想兑现小时候吹过的牛逼。奈何小时候吹得太狠，在工地上没日没夜地搬砖也挣不够小孩的奶粉钱。

有些人辞了工作，自己做了点小买卖，发现做起买卖来得心应手，回想自己打工的这些年，感觉人生的力气完全没用对地方，慢慢地，开始买车买房，风生水起。

一个适合跟钱打交道的商人，却跑去了工地搬砖，搬砖的时候不是不努力，只是没有选对方向。

大二的时候，管理学的老师曾给我们讲过两个师兄的例子。

师兄A和B都是他的学生，大学学的营销，毕业后，两个人都找了销售市场的工作。

刚毕业，经验不多，当时的想法很纯粹，努力工作，升职加薪。

师兄A每天加班，周末还要坚持跑市场，上门推销。

第一个月，A拿下了公司最佳新人奖，当月的成绩比一些老员工都要好很多。

师兄B给自己报了个班，工作之余就去上课，做培训，听讲座。周末的时候还会参加商务沙龙，慢慢地，和这个圈子的人越混越熟。

直到后来，公司倒闭。师兄A选择去了其他销售的岗位，依旧站在一线去开拓市场，三年过去，也没做到管理岗位。

师兄B在这三年的交际中认识了不少有能力的朋友，公司倒了之后，他和几个朋友开始研究新媒体营销，正好抓住了新媒体的红利期，小赚了一笔，注册了公司。

两个师兄都很努力，起点相同，公司倒了之后，师兄A选择继续在老本行艰苦奋斗，师兄B选择创业，最终两个人的结果却是天壤之别。

他们两个人的差别在哪里?

人生发展方向的选择不同，一个努力做业绩，一个努力提升自我价值。

最终做业绩的师兄成为一名优秀的销售员，提升自我价值的师兄则让自己变得更值钱。

没有选对方向的努力是什么，是事倍功半，是南辕北辙，是你在自己不适合的岗位上付出全部的心血和时间，也收效甚微。

人世间有多少人在努力之后却依旧平庸，身陷困窘之中，觉得自己的人生就是一大写的失败。

事实是，你是技术宅却选择了社交，你在音乐上天赋异禀，却在生物工程上投入了毕生心血。

选择比努力更重要。

而选择并不是盲目选择、不懂坚持的选择。

说回吃，包子店的老板如果继续在他的早餐摊上卖肉饼，卖鸭头，花尽了心思，也不会有人埋单，关张的时候还会摇头自责，埋怨肉饼不够好吃，自己不够努力。

但是如果老板选择换个营业时间，将肉饼、鸭头放到中午和晚上来卖，生意一定也不会太差。

选择固然重要，然而，大多数人穷其一生也不会做出适合自己的正确的选择。

因为，大多数人的状态都是不自知。

不知道自己想要什么，不知道自己还有哪些选择，不知道自己的优缺点，甚至说不出自己的兴趣爱好在哪里。

并非不想选择，而是不知道自己有哪些选择。

说到底，无非是自己眼界不够，境界不高，能力只能匹配到现在的工作，看不透未来的发展方向。

鲁迅、谭盾、马云，他们都是站在一定的高度，对未来的走向、自身的价值有清楚的了解，明白自己想要什么才做出的无比正确的决定。

包括我的师兄A和师兄B，公司倒了之后，师兄A也想发展，也想挣钱，但是他除了做回老本行想不到他还能做些什么，而师兄B却通过多年的积累，抓住了新媒体的红利期，并且迅速地组建了一支自己的团队。

在刚入职工作时，两个人还是同一起点，三年之后，两个人在看待事情的角度上大有不同。

如果大学整天上网打游戏，临近毕业，你能想到的只有外面城市多艰，还是自己回家，在小县城里，安安稳稳的，托父母找份工作。

当在不知道自己如何选择的时候，应该做的是多读书，多看报，选择的基础是你要拥有更加开阔的格局，眼界宽了，才能有选择的机会，提升了自己的能力，才能看到你的世界之外，更广阔的天空。

我们需要的并不是衡量利弊，深思熟虑，小心谨慎地去选择。

恰恰相反，当你真正做一个决定的时候其实只是在一瞬间你就有了判断。

而在判断之前，需要你有足够的经验和眼光去分辨是是非非。获得这足够的经验，则需要你此刻就开始静下心来学习。

然后，遵从你内心的召唤。你内心最强烈的声音，就是你无比正确的选择。

选择比努力更重要，倒不是说努力不重要。

选择是方向，努力是过程，当你已经清楚地知道自己想要什么的时候，就不要再犹豫，为了你所坚信的起舞，如果你还不清楚自己想要什么，就放下此刻的手机，好好学习，提升自己。

之前在网上看到一句话，深得我心。

选择比努力更重要，所以我选择努力。

共勉。

## 干掉你怕的，就不害怕了

大一的时候，听过一场演讲，演讲的具体细节已记不清，只记得最后演讲者抛出来一个问题：当你害怕时，你在怕什么。

有人怕鬼，有人怕黑，有人害怕失败，有人见到小偷小盗就吓得浑身发抖。

小的时候我会害怕很多东西，父母和我说，恐惧来源于未知。

为此，他们常会逼我做一些我害怕的事。我不敢在没有灯的黑暗地方独处，父母就逼我去开黑暗中卧室的灯，我在开门的时候是抱着必死的决心，灯亮的那一刻也会深吸一口气，庆幸自己活下来。

后来，我还是会害怕没有开灯的卧室。

年岁渐长，我对一些事情开始有了自己的思考，我发现，真正的恐惧不是来源于未知而是来源于认知。

我们之所以害怕，并不是因为我们没见过鬼，我们不知道黑暗里有什么，我们没有经历过失败，我们不知道这个小偷有多坏。

而是我们在认知里提前给这些下了定论，告诉自己面对这些会害怕。

心理学上讲，影响一个人的行为的只能是意识环境。

我们在意识环境里认为，鬼是青面獠牙，吐着大红舌头；黑暗里一定有鬼，或者会跳出一个疯子；我不能接受失败，因为失败后自己就会一无所有；小偷一定是藏着匕首，杀父弑母，泯灭人性，无恶不作。

就像小的时候我始终会觉得黑灯的地方有鬼，衣橱里会藏着怪物，无论我亲自打开多少遍衣橱，每当再关上的时候，还是会觉得衣橱里面藏着东西。

我尝试过很多种办法来消除恐惧。

但是我发现没有办法，恐惧是人类的本能。

就算我消除了对待这件事的恐惧，也一定还会有另一件事让我害怕。

但我同时还发现，我们还是要做反本能的事情，因为只有不断地去挑战，才能获得成长。

成长的过程中我们应该都会害怕过某个人，可能是某个不苟言笑的亲戚，也可能是某个严厉的老师，他们在和你说话的时候，你就会感觉到被压抑，只想快点结束谈话，逃离这里。

姑姑家的妹妹，从小就害怕她的妈妈，喜欢某样东西，不敢和妈妈说，期末成绩考得差，就把试卷藏起来，不敢让妈妈看到。

小学阶段，姑父参加了无数次的家长会，姑姑只去过几次。在家长会之后会有一个孩子与父母互动的环节，表妹和她妈妈在一起的时候，不敢说任何话，只有点头和摇头。

姑姑很着急，觉得一定是自己哪里做得不对。

想来想去，也不知道她和女儿之间出了什么问题。

我在陪表妹玩的时候交流过这件事，我问她为什么不敢和她妈妈讲话，她和我说，因为妈妈很严厉，会训斥她。

我问她，有什么具体的事情吗?

她很认真地想了想，然后摇摇头。

我鼓励她多和妈妈去交流，你会发现，妈妈只是表现得严厉，其实并不严厉。

生活中还有一些奇怪的现象。通常成绩好的学生，和老师的沟通比较多，成绩越差的同学，越很少因为学习的事情去找老师问问题。

这种现象的结果就是，成绩好的同学和成绩差的同学差距越来越大，老师即使有心想帮助学习差的学生，也不知道他现在的真实水平，也不知道从哪里开始帮起。

不敢举手，不敢提问，害怕暴露自己的无知，害怕自己提出一个简单的问题时，满堂哄笑。

大多成绩差的学生都有过这种心理。

但是在面对学习时，逃避和差不多都不是学生应有的态度，反倒是勇敢地往前迈一步，你会发现其实克服这道难题也不是很难。

我们并不是不想变得更好，我们需要的只是跨出那一步的勇气，和害怕的人说话，和逃避的事正面交锋。直面曾让自己害怕的人和事时，就会发现，自己在开始下定决心的时候，就已经不怕了。

之前，我和一个作者聊天，他给我讲他的成长经历。

他小时候，性格腼腆，不爱说话。小伙伴都出去踢足球，他就自己一个人躲在房里发呆，看作文书，实在无聊就自己动手做手工。

上了小学，老师经常将他的作文当作范文，有时候老师读，有时候让他自己读，每次让他在同学面前读自己写的作文时，他的作文本都会找不到。

他说，其实是他故意找不到，因为他害怕在人多的地方说话。

初一开学，需要有成绩好的同学代表新生发言。他在读小学的时候还是小有名气，老师找到他让他准备一下发言，他推辞，老师说，下课来我办公室说明原因，没等到下课，他就找了个肚子痛的理由，躲回了家。

逃避毕竟不是解决问题的办法，你之前所逃避的，迟早会让你以另外的方式补回来。

初二，还是演讲。之前需要上台演讲的同学急性阑尾炎被送到了医院。

老师给了他半个小时的准备时间，要求他一会儿去主席台演讲。

那天很热，太阳晃得人睁不开眼。他当时心里唯一的想法就是，这种天气，同学一定不会注意到我在讲什么，糊弄几句，赶紧下台。

他选了一个最偏僻的位置走向主席台，台下的同学都在低头说着话，根本没人注意到他。心里正在窃喜，校长拿过话筒示意大家安静。

台下很静，所有的目光都集中在他的身上。从没有过演讲经历的他，站上主席台的一刻就忘了词。

这场演讲并不是很成功，但是对他的意义很大。

当他演讲结束，鞠躬说“谢谢”的时候，他忽然觉得，其实在别人面前说话也并没有那么可怕。

之后，学校在开会需要学生发言的时候又找到过他，他从最开始的结结巴巴、表达不清到后来能够清楚地表达自己的思想，赢得同学的一片喝彩。

现在的他不光在写作，还在培训学校当演讲老师。教同学怎样演讲更有魅力。

他在和我讲这个故事的时候，和我说了一句话：当你在心底里害怕某件事情的时候，逃避只会让你的恐惧感放大。可是当你干掉让你害怕的，以后就再也不会害怕了。

回到大一时听过的演讲。当你害怕时，你在怕什么。

在害怕失败，在害怕挫折，在害怕自己不能坚持下去，在害怕自己不能完成想要的目标。

可是，害怕有用吗？

不能因为害怕就不去尝试，也不能因为害怕就给自己找一个不努力的借口。

这样，就只能永远害怕下去。

有人怕鬼，有人怕黑，有人害怕失败，有人见到小偷小盗就吓得浑身发抖。

干掉怕的，就不害怕了。

这不是说让我们干掉鬼，走夜路，看见小偷小盗就从包里掏出棍子，一棒子打死。

而是需要干掉我们心底的恐惧，当我们面对它的时候，就会发现，当初自己害怕到死的东西，其实也没有那么可怕。

## 最有效的社交是棋逢对手

我的一个朋友在当地的一家杂志社做编辑，杂志的主要内容是介绍本土的吃喝玩乐，例如当地有一个音乐节，公司会联系她采访某个小有名气的乐队主唱，4S店举办活动，公司也会提前联系好，再让她采访4S店的老总。采访结束，她再根据采访内容撰篇稿，每个月能拿三千左右的工资，会写四五篇稿的样子。

因为工作的原因，她就有了一大批当地大牛的联系方式。朋友们一起吃饭，聊起当地某个厉害一点的人物，她都会抢着说，他呀，我认识，我和他怎样怎样，吧啦吧啦讲上一大堆这个人的事。再聊到另一个行业大牛的时候，她又会接过去，说这个人几个日常生活里的事。听她的口气，好像当地所有行业里的牛人都是她的朋友，日常生活里经常一起喝茶聊天。

因为我对别的圈子并不了解，好多时候并不知道她说的是谁，但看她说起这些行业牛人的时候就像在聊家常，时常会产生一种不明觉厉的感觉。听得多了，就对她越来越佩服，毕竟才毕业一年，就和这么多的牛人成了朋友，还是蛮厉害的。

后来听别的朋友说，原来她讲的故事都是这些牛人在朋友圈里发的动态。之前她在采访之余还会看看书，现在她书也不看了，把看书的时间都用来刷她的朋友圈，时常关注着大牛什么时候发动态，第一时间点赞。她和大牛们不过是“点赞之交”，当然，只是她单方面给大牛点赞。

她和我说，资源就是财富，努力比不上社交。

再后来，她就被公司辞退了。

大二的时候，我有一个同学每天要去几次办公室。之前我以为他是在跟着老师做课题，后来才知道，他是去给老师交作业，全班的作业分成几份来交，目的是多去几次，和老师们混脸熟。

学校里的每一个老师他都认识，他也总和我们说，他和老师有多熟，帮老师们做了什么事。

也确实，他帮老师做了不少事。

早晨的时候他总迟到，他起得并不晚，迟到的原因是去给另一个老师打扫办公室。中午的时候等在办公室门口，老师出来的时候他假装路过，再和老师们一起去吃饭。晚上有的老师是住职工宿舍，他天天给他们打热水，老师们不好意思，说职工宿舍里有饮水机，让他拎回去自己用，他一再坚持把热水留下来，说自己早就打好了热水。

他给老师打的热水他们其实都没用过，但看他一片好心，老师要请他吃饭。

吃过之后，没几天他又会请老师们吃饭。

来回吃了几次，他有了谈资，再和我们说的时候就不只说帮老师做事了，开场的第一句话都是“我和某某老师吃饭的时候……”

他一直都在专注着这点事，也不常听课。他常和我们说，和老师走好关系，期末不挂科。

然后，他挂科了。

有人和我说过，多个朋友多条路，多交朋友有出路。后来我在一本关于职业管理的书上看到，要多交往对自己的未来有用的人，进行有效的社交。

这两句话都没错，只是好多人都太容易本末倒置，把和牛人的社交看成了自己当前最重要的事。

“热衷于在朋友圈攀高层”“第一时间给领导新发的说说评论”“我和某个大神在同一个写作群里”……有人将这作为谈资，有人觉得自己在做一件很有前途的事。好像攀个高层自己就成了高层的朋友；第一时间给领导点赞，领导就会提拔你，对你刮目相看；和大神在同一个作者群里自己的身份也高了一大截，也变成了仅次于大神的作者。

事实是什么？你攀的高层可能都不知道你的名字；领导在发完说说看到你秒赞之后，他想的是，这个员工又在偷懒；大神发了篇新文，你在评论下一番膜拜，大神回复你“谢谢”，你觉得你是在和大神对话，其实大神只是礼貌性地回复所有人。没人care一定是一件很难过的事，只是你从不这么觉得。

去年年底，麦子姑娘去杭州参加作家年会。她在一个小网站写网文，当时的她已经从日更五千变成了日更一万，千字二十变成了月入三四万，在她们的网站也算是小有名气。

麦子从作家年会回来，我去接她。路上的时候我和她聊天，问她有什么收获。

麦子放下正在码字的笔记本，叹了口气说："感觉人们都太浮躁了。最大的收获是微信里又多了一大批不认识的作者。"

我有点意外："多认识点人是好事，怎么还要叹气呢？"

麦子解释："问题就在于我和她们并不认识，好多人的笔名我都没听过，还要装作这个圈里都很熟的样子。"

原来，麦子作为新晋的人气作者，在作家年会上有一大批小作者来找她要联系方式，说以后常联系。这种要联系方式的情况她能理解，毕竟她的朋友圈也躺着一大批没说过话的好友。

但是，有的小作者是这样介绍："我是某某某，写过哪本书，希望以后能有机会和你讨论一下我的这本书。"

麦子一脸懵逼，完全没听过这个人的名字啊，也没听过这本书啊，她一整天不是忙着写稿就是忙着看书啊，哪还有时间再讨论别人的书啊。可是，她还必须客客气气地说几句漂亮话："好呀，好呀，那有机会多聊聊啊。"

这个不认识的小作者是真的不客气，晚上就丢过来一份两万字的文档，让麦子给她挑挑错误。

我问麦子："那你加这么多人，能记住她们都有哪些作品吗？"

麦子说："记住什么啊，因为我是忽然窜出来的小神，过来主动认识我的人太多了，所以那些人我连她们的笔名都忘得差不多了。"

都是这样，一个厉害的人很少会和比她弱的人社交，有的人在朋友圈里向大神献殷勤，其实大神早就忘了在哪里见过你。

在年会期间，麦子还发生了一件事。不知道有意还是无意，网站将她和网站最厉害的作者安排在酒店的同一个房间。

这个作者出过几本书，写文很多年了，有影视作品搬上荧幕，不少人都看过。

那时候好多作者在参加年会的期间都断更了，而这个作者在凌晨还在码字，更新着和读者约好的第三章。

其他的作者并不知道麦子和这个作者住在一个房间，第二天在年会上基本上所有的作者都去找这个作者要签名，麦子没去。有作者问麦子："难得见到她，你还不去要个签名？"

麦子摇摇头，说了一句当时没什么感觉，回想起来无比豪气的话，"你要相信你们以后还会再见面的。"

确实，她的编辑曾和她说过，"再有一年，你也能攀上她现在的高度。"

我和麦子说："网站将你和这个作者安排在一个房间，你们编辑又这么夸你这匹黑马，看来你离她已经差不了多少了。"

麦子努努嘴："我可不认为在一个房间就差不多，我和她的月收入还差着几十万呢。"

"不过，"麦子顿了一下，接着说，"我在年会上说的话真的是我的目标，我一定要努力赶上她。”

她和这个大神作者一起住了三晚，她也没有留大神的联系方式，当然，除了那些主动来换联系方式的同级别作者之外，她也没有主动要任何一个大神的联系方式。

人们总是习惯性去夸大社交的作用，而我们也习惯了去小心翼翼地社交。

其实，这些社交不在一样的高度上，根本就是没有什么用处的社交。除了是躺在联系人列表里的一种联系方式之外，什么也不是。

而真正有效的社交是不攀附，不谄媚，双方可以在社交中共同成长。与其专注于怎么引起大神的注意，不如静下心看看书，充充电，提升提升自己。

最有效的社交是棋逢对手。

当你成为大神时，自然有大神注意你。

## 拖延癌们，先把手里的事做完吧

我认识的朋友里面，自制力强的有一些，但是大多数的人也会有拖延的时候。

要说不拖延这件事，我觉得必须要说说六子。

六子是一个风风火火的姑娘。

六子的男友想减肥，六子说，我陪你吧。每天晚上六子都要拉着她的男朋友去公园跑步，男朋友跑三圈，六子跑五圈。风雨和男朋友都无法阻止六子减肥的决心。

不到半个月，男朋友打了退堂鼓，六子不同意。

一个月后，六子瘦了，男朋友跑了。

我问六子："跑步丢了个男朋友是一种怎样的体验？"

六子严肃地对我说："你知道吗，人与人在一起，最怕的就是许诺了的事情，迟迟未做。他不和我分手，早晚有一天我也会对他失去信心。"

后来，六子在跑步的时候遇到了她的现任。两个人一拍即合，还给生活列了一大堆计划，例如月底去旅行，周末去图书馆，每天要健身。两个人每天精神满满，战斗力爆棚。后来六子还把这些记在了本上，叫“爱情修炼手册。”

六子做事不拖沓，想到就做，雷厉风行。每周读两本书，看几部电影，什么时候工作，什么时候学习。一切都条理清晰，井然有序。好多时候，我看见六子都忍不住劝她：“玩一会吧，没完成就明天再做。”六子从不搭理我，哪怕是忙到深夜，六子都会把该做的事情做完。

我有一段时间，做事很没有效率，养成了习惯熬夜体质，写稿也是这样。

导致每天一定要到最后一秒，没有办法拖的最后期限才去写稿。

之前，给一家杂志写稿子，因为这家杂志是作文类杂志，我从高中就开始给编辑写稿子，一直写到大学，混得很熟。

因此后来，编辑会提前告诉我他需要我写一篇怎样类型的稿子，以及最后的截稿日期。这个位置就会专门地给我留着。

一般从编辑告诉我这个时间，到最后截稿日期的时间会有差不多一个月的时间，而我只需要写一篇两千字左右的作文类型的文章，如果真的打开文档开始写的话，也就两个小时的样子。

在高中时期，我很积极交稿，每次放学回家就赶紧写，或者在学校写了偷着拿手机敲下来，发给编辑。

结果到了大学，我由最开始的编辑告诉我之后的一周内交稿，变成了两周，三周，最后变成了，编辑会在还有半个月截稿的时候催我一下，提醒我。

再差一周的时候催我一下提醒我，一直到例如明天截稿，我会在今天下午编辑下班前交稿。

这还不是最可怕的，最可怕的是最后几次，我变成了明天截稿，我会告诉编辑，我保证明天他上班前，我的稿子会躺在他邮箱里。

于是，我就会打开文档，从晚上开始写稿。

我记得最后的一次拖延是我在宿舍熄灯之后开始写稿，结果写了不到半小时我就去逛逛微博，做点别的。一边谴责着自己，一边烦躁地不写。

最后电脑耗没电了，变成了第二天早晨六点宿舍来电，生生在三个小时内硬写出来交了。

养成这种习惯之后，我的交稿习惯就变成了这种，当天三个小时写出来交。直到有一次，我卡文晚了。

再后来，编辑找我约稿就少了，从每个月必上一篇我的稿子，到后来两三个月我主动他才搭理我一次。

我并不是有意要拖延，在整个拖延的过程中我也很自责，很忐忑，很暴躁。我总是觉得如果我拖着的话，我可能会写得更精细，做得更好。

可是，事实上却并不是。

而且拖延到最后一刻，我会连原本的喜悦感都没有。然后一回想，觉得自己浪费了很多时间，就会更烦躁。

我找六子想过戒掉拖延症，可是，我战了几次，屡战屡败。

拖延症就像是慢性癌症。通常表现为，十点起床，十一点还在床上打滚，一天没有明确目标，晚上抱怨自己一整天浑浑噩噩。

你今晚要做PPT，你告诉自己喝完咖啡就去写。可是你一边喝着咖啡，一边想，我看十分钟电影吧。不知不觉，你的电影看完了，十二点你还是没有开始做PPT。

你很困了，你给自己定好闹钟。六点起床，半个小时做PPT，半个小时吃早餐。事实是，你并没有起床，急急忙忙地赶出PPT，一边挤公交，一边胡乱地塞了两口面包，路上还遇到了堵车，你又迟到了，这个月的奖金又死在了路上。

你很难过，你觉得生活一团糟；你很无望，世界对你都是充满恶意的。

你很清楚自己的问题在哪里，如果晚上做了PPT，你还有一个小时的时间来看美剧。早晨可以从容地吃个早餐，散散步，坐坐公交，早早地到公司打卡，你会看到老板对你微笑。

你告诉自己明天去改变。明天还没有到来，你又给自己找到了新的借口。

拖延症患者大都相似，希望自己有一个向上的生活，可是生活却越来越糟；想要自己认真工作，可是你又去逛朋友圈，刷微博；给自己定下目标，今天要做套真题，又看看时间，觉得时间还早；想早起，想吃早餐，可是你晚上又熬到了三点钟睡觉；朋友每天很开心，同事升职了，同学考过了四级，而自己什么也没有。

你伤心难过，你情绪低落，你安慰自己“我只是没有利用好时间，我只是意志力不太坚定，下次我一定可以做好”。殊不知，负面情绪与伪鼓励都让自己在拖延的路上越走越远，恶性循环。

渐渐地，会怀疑自己是不是不够优秀；会麻木，生活就是平庸与无聊；会痛恨所有让你生活糟糕的元素，例如老板，例如学校，例如拥堵的交通，例如医院看病还要排好久的号。会变成一个负能量的集结体，一点就炸。抱怨，暴躁，厌烦他人不够好，会感受不到生活有丝毫的善意。

而且，拖延症会在越多问题堆积的时候，越拖延。

越烦躁越拖延。

后来，我觉得战胜拖延症这个目标太宏伟，决定不再彻底改掉拖延症了，拿最近王健林的一句话说：“先给自己定一个小目标”。

从完成手里这件事做起。

开始的时候，会想，这么多事肯定都完不成，手里这件事情一定要快，一定要着急，可是一着急也就乱了，也完不成。

再后来，强压着自己的性子，去把这件事完成。

结果，发现同样的今天要做的项目清单，就会提前完成。

拖延是一种自我欺骗，告诉自己，你要喜欢上你需要做的事；关掉手机，卸载游戏，切掉所有可能会干扰你的因素，去专注，去完成。不要常立志，给自己立长志。

而克服拖延的办法，是立一个小目标，把手里的事做完。

## 那些挣扎的日子，都成了脚下的台阶

人生在世，饮食男女。生活中的烦恼，也不过理想和情爱两件事。

当初祥子和他的女朋友谈了六年，一路相爱相杀，从高一走到了大学临近毕业。中间也经历过两次分分合合，都是在恋爱一两年的时候发生的事，后来两个人无论是吵架还是冷战，都没有再提过分手这件事。

祥子一脸炫耀地和我们说：“我的人生目标是，熬到了大学毕业我和她结婚。”我们嘲笑他没出息，人生就为了娶一个媳妇。祥子以为他们是会结婚的，我们也羡慕有情人终成眷属，然而爱情这件事，除了爱不爱，哪有什么逻辑可讲。

结果在还有半年毕业的时候，两个人分手了。

他们经历了什么我不是很清楚，只知道这次分手对祥子的打击很大，整个人深陷在颓废的状态中，难以自拔。

祥子大醉之后问我，“怎么忘记一个人？”

关于忘记这件事，我觉得所有刻意的忘记都只能让你记得更加深刻。

我也喜欢过一个姑娘，原因种种，最终没能走到一起。开始的时候不甘心，心情就像网上的那句诗“所爱隔山海，山海不可平”。拿得起放不下，放不下无论是于己还是于对方，都变成了一种负担。本该大步向前走，还在为了过去的种种纠缠不清，伤神费力，最后还落一个千疮百孔。

又徒劳了好久，除了感动了自己，并没有什么成效，恨姑娘心冷，骂自己不中用。觉得感情真是毫无道理可言，我那么喜欢她，她怎么能不喜欢我呢？躺在床上的时候就在想，如果她回头，我是拒绝她还是接受她，每一次想这个问题，我的回答都是接受。可是，她不可能回头。

当年我还悬赏了五十金币提问，问题和祥子的问题差不多，怎么忘了一个人。

有人说，时间是最伟大的治愈师，吧啦吧啦说了一大堆治愈系的文字。看到这个回答的时候我很难受，让漫长的时间来冲淡这段感情，无异于躺在山顶上被鹰啄了血肉，风吹干了骨头，你还有残存的意识看着这副破旧不堪的身躯，并且一点点地感受痛苦。比接受这个答案更让人难过的是，当年的我竟觉得这个回答是真理，心甘情愿地付出了五十的财富值。从这段感情走出来后才知道这个问题有多无聊，也只想对让时间来冲淡之类的方法翻白眼。

试过长夜买醉，也曾失眠到天亮，看书熬到夜里一两点，就怕自己闲下来的时候胡思乱想。年轻人，谁还没有过一两段为情所困的日子，难过起来的时候觉得自己再也不会爱了，照照镜子之后才知道有人喜欢过你就已经是上天给予的恩赐，这得多绝望。

朋友劝我说：“失恋这种事除了自愈别无他法，还是得向前看，总不能在过去折腾一辈子吧。”心里难受啊，挣扎了许久后才想明白“世界上长得丑的不是只有你一个，也许就有人高度近视和审美偏差呢，既然长得丑，那就多读书，如果连你都不自救，那就真的是没救了”。

当然这是玩笑话，但是我还真读了不少书。

一口气买了几百块钱的书，总得让生活走向正轨，闲下来的时候就读书，时间久了，竟也熬过了这段难挨的日子。这段时间里学会了很多事，比如如何更好地爱别人，也看到了自己当初的很多小毛病。

我没有忘记这个人，但我确确实实地从这段感情中走出来了。挣扎的日子里总会难过，觉得自己不会变好了，但是咬牙挺过去之后，这些挣扎过的日子都成为我脚下进步的台阶。

大二上学期跟着老师做项目，学校里有一个大学生创业孵化中心，我和搭档打算写一份创业计划申请书，申请一个创业项目。

在写创业计划申请书的时候我们两个人都不着急，老师催过两次，觉得时间来得及，安慰自己做得慢了才能做出好东西，写了一周只写出了一个SWOT分析。后来老师说，还有十天比赛，要求我们必须两天之内做出来，我们两个才真正有了时间的紧迫感。

人被逼急了什么都能做出来，最开始的时候以为完不成了，熬了两个通宵，竟也赶出了一份创业计划申请书。交给指导老师，两个小时之后，计划书被退回来，老师只说了两个字，重做。

我们两个正准备补一觉，听到这个消息，心凉了半截。不知道问题出在了哪，但既然老师这么说，就只能推翻了再做。这一份计划书只做了一天半就写完了，当然这段时间除了吃饭上厕所，一直都坐在电脑前赶计划书。

我和搭档都是第一次写这种东西，没有参照标准，没有相关经验，不知道自己写得好不好，也不知道写成什么样算合格，唯一知道的是我们还年轻，熬熬夜，赶赶工，应该不会猝死，所以也就还有参加比赛的可能。为了这不确定的比赛，两个人耐着性子，被毙了一次又一次，改了一遍又一遍。

在第五次被毙的时候，老师和我们说："这次的问题不大，改一改红笔圈出来的部分就行。"一眼看下去，红笔圈出来半个方案。确实，相对之前改动的幅度，这次的问题不算大，像之前改半个方案，我们两个最快也需要半天。

硬生生地逼自己做了几天计划书，这次只做了两个小时就改完了。连续一周的高强度作业，吃了十几桶泡面，熬了几个通宵，和刚刚写计划书的时候比起来，效率简直是提高了一大截。搭档和我感慨，"人如果不逼自己一把，成长得一定会很缓慢。"我点点头表示同意，毕竟这几天的变化还真大。

之后，我们没有把策划书直接给老师，在改完方案之后，又写了一份新的策划方案。

在最后交策划书的两个小时，老师说："策划已经改得很不错了，但还有几个影响不大的小问题，还要不要改？"搭档询问我的意见，我想了想说："改。"

说真的，改改改的日子真的很难受，没有想过放弃是不可能的。

可是，每一次决定放弃，躺在床上的时候，就又会想，放弃了自己会不会觉得可惜，万一以后自己再看到别的同学做这些，后悔自己当初为什么没有咬咬牙坚持下去怎么办？

一想到这些，就赶紧从床上跳起来重新来过。

挣扎、反抗的过程中，每一次感觉要完了，却也坚持下来了。

坚持着坚持，竟然有一天忽然发现自己的进步比之前大了很多。

可是，仔细想一想却也不知道是哪一个具体的点进步的。好像是无数个挣扎的夜晚拼凑来的。

如果现在，让我改一点东西，我可能一点都不会害怕。

因为当初改改改的日子，我熬过。

每一次的挣扎都会很难受，但也正是挣扎过，反思过，才更能看清自己的不足，每一次的挣扎过后都是成长。

挣扎的日子终会过去，自己从挣扎中获得的，才是生活洪流最最本质的意义。

## 所有的狂热都要不遗余力

大一元旦晚会，班里有一个姑娘弹了吉他，她当时只学了两个月，但是在我们这种不懂的人听起来还不错，赢得了满堂喝彩。

坐在我旁边的小河姑娘一脸羡慕地和我说，她也要学吉他。

过了两天，小河果然拿来把吉他。花三千报了一个班，不仅教吉他，还教专业的发声。

我们在老校区，培训班在新校区。每周末她都要坐上一个多小时的班车去新校区学吉他。最开始的两周，她总有使不完的热情，上课之余经常抱着吉他练，她和我们说，再学几节课就给我们弹《小星星》。

结果，到了第三周，她就没去上课，因为起晚了。

之后的日子，断断续续地又去过两次，再也没去过。直到现在，我们也没有听到她弹的《小星星》。

大二的时候，小河迷上了法国电影。后来听一场演讲，一个学姐给我们讲她学法语的经历。小河听得热血澎湃，她和我说，她要学法语，然后去留学。

买了几本学法语的书，又下载了几个自学法语的视频，每天早晨都会跑到操场练发声，周末的时候也会泡在图书馆里研究法语。

后来觉得没有成效，就又花高价报了个法语班，每周末去上课。

大概是上到第三次周末的课的时候，我在公众号上看到一篇关于自学法语的文章，干货，觉得写得不错，我分享给她。

她给我回复，法语简直是世界上最难学的语言，她再也不想学法语了。

我才知道，她又放弃了法语。

我问她学到了什么程度，她和我说，刚基础入门。

法语确实难学。

大三那年，班里有同学在全国创业大赛上获了奖。学校给了他们创业基金，还提供了不错的场地。

小河又对创业产生了兴趣。每天都去听创业的讲座，还和几个朋友组建了团队，想象着自己有一天在全国创业大赛上打比赛。

最开始的两周，她们的团队整天都会开会，小河的一腔热血全都扑在了项目上，又是忙着写策划，又是忙着做SWOT分析，为了项目，绞尽脑汁。

大家努力了两周，项目终于过了学校的初选。她一想到之后还要打无数的比赛才有可能站在全国的赛场，又觉得这个项目渺茫，留在团队混了两天，最后还是退了项目。

到了大四，每个人都在忙自己的事，有人准备考研，有人在为实习做准备，所有人都开始奔着目标去努力。小河迷茫了，她不知道自己该做点什么，大学三年好像做了很多事，仔细想想，又觉得自己什么都没做。

自己曾经有过想法，因为这个原因或者那个原因，都没能坚持下来。

蔡康永说：“15岁觉得游泳难，放弃游泳，到18岁遇到一个你喜欢的人约你去游泳，你只好说‘我不会耶’。18岁觉得英文难，放弃英文，28岁出现一个很棒但要会英文的工作，你只好说‘我不会耶’。人生前期越嫌麻烦，越懒得学，后来就越可能错过让你动心的人和事，错过新风景。”

我有一个高中同学小陈。高考的成绩一般，想学法律，报了西北政法大学，服从调剂，被调到了另一个专业。

大一结束的时候，法学专业会给一个转专业的机会，只要通过考试就可以去法学院读法。他们转专业比高考的竞争还要激烈，千军万马过独木桥，每年要转学法律的有一千多人，只有大约五十人能通过。

有朋友劝他，你现在的专业也不错，在你们学校也还算热门。

他当时没考虑太多，和朋友说他就是想试一下，能考上自然好，考不上也不遗憾。

结果，他所谓的“试一下”就是第二天买齐了所有法学的书，还在网上定了好几套资料。

有课的时候去上课，没课的时候就跑去法学院蹭课。夜深人静，他打着台灯背法典，刷考题。每天都要到凌晨一二点才会睡觉。

朋友们都说他努力，他倒不这么觉得，他觉得自己还有好多时间都浪费了，例如也会在烦的时候玩两局游戏，迷茫的时候刷刷剧。

我在高中的时候和小陈是前后桌，当年他给我的感觉是，这是一个不知疲倦的胖子。

高中三年，我从没有见过他午休。下课的时候，我和其他的小伙伴时不时地都会结伴买个零食，玩一会儿，他除了上厕所之外，都是坐在座位上学习。

当时虽然大家都很努力，但也没有人像他这种一动不动，一坐就是一整天地学习。

他不是那种很聪明的人，不过在看到他的时候就会觉得这个人很有信念，为了梦想，绝对的不遗余力。

考试结束，他终于以前三的成绩如愿学了法律。

他们这种后来转专业的学生和之前法学院的学生教学进度不一样，会被单独分在一个班。相当于在一年的时间要学法学大一和大二两年的课程。

用了三个月的时间，他学完了大一所有的课程，当然大部分他都是自学，不懂的地方圈起来，有时候上网查，有时候问老师。

两次期末考试，他都拿了奖学金。他们和之前学法的学生考试试卷一样，奖学金也是按照年级的名次来发。第二次考试他还是拿的国家级奖学金，这种国家级奖学金在每个年级只有五个名额。

大二暑假，我给他打电话，叫他出来玩，他和我说他没回家，留在了学校这边找了一个法院实习。

我身边有几个像小陈一样的朋友，在别人眼里很努力，他们看待自己的时候，总觉得自己做得不够好，还应该更好。

有的人努力一点就会感动自己，觉得自己真是辛苦，恨不得自己给自己颁一个年度最佳努力奖，而真正不遗余力在努力的人却始终都会嫌弃自己不够努力。

我认识一个作者全职写稿，每天日更两千，常常在朋友圈感慨自己多努力却一直生不逢时，怀才不遇。

我也见过有些大神兼职写作，每天除了公司要打理，还会保证两篇高质量文章的更新。

有人日更五千，也有人日更一万。有人觉得自己每天在自媒体上更新一篇文章就很辛苦，也有红人每天两更，头条和二条，写上四篇文章。

临近期末，有人在两周前开始复习，结果考试还是有一科被挂，心理很不平衡，自己明明已经这么努力了，为什么还会挂科？

学霸们在你还在准备复习的时候就已经开始预习下学期的课程，尽管如此，他们还是觉得自己学习效率太低，下学期还有两门课程没有预习。

有的人想考雅思，背了几天单词觉得还是没有长进，就说了放弃；而另外一批想考雅思的人，他们在半年以前就着手准备，一直在做相关方面的学习。

当我们觉得自己努力了的时候，不妨问问自己，我真的有为了梦想竭尽全力吗？

看看那些比我们更优秀还更努力的人，我们还有什么资格再心疼自己付出的这点努力。

理想人人都有，区别就在于我们对待它的态度。

不要有些许付出就会委屈，也不要努力一点就感动自己。

真正的梦想需要我们用全部的热情去对待，所有的狂热都要不遗余力。

Chapter 5

# 世间所有的相遇，都是我努力找到你

## 社交软件能解决寂寞，却杀不死孤独

我第一次定义孤独的时候，一个人在咖啡馆喝咖啡，二十块钱一杯摩卡，去了趟洗手间，再回来，咖啡已经被服务员收走，我只好再去前台点一杯一样的咖啡。当时，我给孤独的定义大概就是，四十块钱只喝了一杯咖啡。

后来，我对孤独有了更丰富的理解。

几年前，我第一次一个人出远门，车站人多，被小偷顺走了钱包和银行卡，手机和身份证攥在手里，才侥幸没丢。

暮色四合，大城市的夜晚总不显寂寞。我穿过公园，看到父母陪着孩子在公园玩球，孩子只有四五岁，看起来更像是大人在玩球，小孩追着球在跑。

我经过电影院，恩爱的情侣进进出出，有说有笑，男生捧着爆米花，背着包，女生挽着他的胳膊，吃着爆米花，时不时还放一颗到他嘴上。

我遇到许多行色匆匆的行人，有的骑着车，有的和我一样步行，他们全都很着急，家里一定有心爱的人在等他，而她想必也做了他最喜欢的饭菜，解下围裙，坐在沙发上，等他回家。

当时我还未尝过牵挂的滋味，只听过朋友描述，牵挂就像钵钵鸡，尽管你还没有吃到，但想到它的滋味，就会满心欢喜。

我觉得我应该去吃点东西。

走到街的尽头才找到一家可以用支付宝付款的烤鱼店，服务员觉得我是在等人，上了两套餐具。

我拿出手机，想找人分享我的心情，翻了一圈，也不知打给谁才不算打扰；反复翻着手机里的社交软件，群里的人聊得火热，置身人群总不会寂寞。

我拿手机拍了美食，定了坐标，正准备上传的时候，微信弹出一条消息：关注这个公众号，帮我同学投下票，谢谢。

忽然，我就不再想发朋友圈了。

此刻我觉得，除了朋友圈，其实我并没有几个朋友。

孤独不只是服务员给我上了两份餐具，我只有一个人在吃饭，它还是我有几百个好友，却不知道谁会认真地听我此刻的心情。

我们有诸多社交软件，微信、QQ、微博，陌生的人都成了我们的好友，每天都有数不清的人在倾诉，却很少有人愿意做一个倾听者。

有个女作家讲："在这城市里，我相信一定会有那么一个人，想着同样的事情，怀着相似的频率，在某站寂寞的出口，安排好了与我相遇。"

人在孤独的时候最易感同身受，如果你也被这句话打动，说明你也是孤独的。

没关系，其实每个人心里都藏着秘密，每个人在某一阶段也都会倍感孤独。

孤独的人总会想尽办法来摆脱孤独，摆脱孤独最直接的办法就是社交。附近的人，豆瓣同城，从线上约到线下，两个孤独的灵魂总是会相互吸引。

小白失恋不久，工作之余，无事可做，整天混迹各大社交软件，试图通过网恋来安慰自己那颗寂寞的心。

初入网恋大潮，不得章法，给几个妹子打了招呼，消息发出去便全都石沉大海，再没回应。

小白长得不错，老司机建议小白把自己的照片设为头像，小白照做，两个小时就收到十几个陌生人前来打招呼，有男有女，小白吓了一跳。

半年里，小白在网上谈了五个女朋友，最短的不到七天，最长的不过两个月。

他谈女朋友有一个原则，方圆五千米内的不谈，有句话叫兔子不吃窝边草，小白是觉得距离太近，分手之后难免遇到，不免尴尬。

前两个女朋友都是见光死，网上聊了几天，一见面，和照片差距太大，game over。

第三个女朋友长得不错，和他也聊得来，两个人经常相约晚上一起吃麻辣烫，小白请客。吃完之后，看场午夜电影，无聊的时候，叫上几个朋友去唱歌，一直唱到天亮。

玩了几天，姑娘觉得无聊，小白也找不到什么新鲜事做。

某天，小白约姑娘出来看电影。姑娘说她在和朋友打电玩，没时间。再打电话问她在哪，打了十几通电话，无人接听。

小白觉得失恋的时候应该喝顿酒，拉着我去街边撸串。

我安慰小白，想开点，分手恰恰说明两个人不合适。

小白递给我他的手机，点开一个妹子的照片问我，你看我和她合不合适。

第二天，他又在网上交了一个新的女朋友。

第五个女朋友是个富二代，动辄就请他吃十块钱的麻辣烫。后来，小白发现她在网上和别的男人也暧昧不清，小白要个回答，姑娘也不掩饰，坦言自己只是无聊，才来找小白排遣寂寞。

小白也不伤心，用他的话说："这几段感情，只有她请我吃过麻辣烫，人要知足。"

之后的小白觉得爱情并不能拯救自己孤独的状态，报了几个同城活动，和城市里大多数人解决孤独的方法一样，聚会，刷夜，似乎置身人群就感受不到孤独。

慢慢地，小白对这些都失去了兴趣，退了圈子。

后来，小白约我吃饭，席间，他一脸严肃地看着我说，他患上了都市孤独综合征。

我的脸上只写了两个字，懵逼。

我问他，啥？

小白解释，就是习惯性把自己和环境隔开，只拥有属于自我的世界，倍感孤独。

无疑，小白是需要一个走出孤独的出口，可是单纯地混迹社交软件并不能减轻他内心的孤独感，反而觉得更加孤独。

社交软件能解决寂寞，却杀不死孤独。

这大概就是为什么人们热衷于社交，却依然会感到孤独的原因。

我第三次定义孤独的时候，没有在咖啡馆喝四十块钱一杯的咖啡，也并非在陌生的城市，发生了丢钱包的窘境。

我在看一个自由花艺师插花，自由花艺师有两类，一类是身怀绝技，不想专职为某个公司服务；一类是有自己的本职工作，花艺只是兴趣。

她插花很慢，构思，选材，创作，都不像第一类的花艺师。在插花的过程中，也是小心翼翼，整整半天，她没有说一句话，额头沁出了汗也顾不得擦，好像自己手里的就是最精妙的艺术品。

工作结束，我和她聊天。

我问她，一个人插花会不会感到孤独？需要工具的时候没人帮，自己做出了满意的作品，也没有人分享。

她笑得很干净，“恰恰相反，吃货在吃美食的时候不会孤独，热爱游戏的人在打游戏的时候也不会孤独。我热爱花艺，我也只有在插花的时候才不会觉得自己孤独。”

孤独都是自己的，在别人眼里看起来的孤独，于你也许就是最享受的时刻。

孤独的时刻从来都不是一个人在做某件事，而是你此刻无事可做。

上次和小白吃饭的时候，小白和我说他要退出朋友圈，接触点正儿八经的社交。

我问小白，和广场舞的大妈一起跳舞算不算正儿八经？

小白点点头说，差不多。

最终，他也没去跳广场舞。

他去当地的一个流浪宠物救助站做了义工，和他一同做义工的还有几个漂亮妹子。

小白每天都笑得合不拢嘴，工作之余他还会给妹子唱歌，“这是一个恋爱的季节，空气里都是情侣的味道，孤独的人是可耻的。”

我第一次定义孤独的时候，一个人在咖啡馆喝咖啡，去了趟洗手间，再回来，咖啡已经被服务员收走，我只好再去前台点一杯一样的咖啡。

现在回想，这其实并算不上是一件孤独的事。

毕竟，我当时还是很热衷于这种片刻的宁静感。

## 他不是深情难忘，只是爱货比三家

前两天，大学同学告诉我他可能要金盆洗手，进入婚姻围城了，我们好奇最近也没遇见新鲜姑娘，他为什么有了这种感慨，结果他说，不是新姑娘，是和他的前前前前女友。

我努力回想半天，也回想不出他的前前前前女友到底是长腿姑娘还是他说过的那个胸前痣姑娘。

他说，就是那个大学半年还总迷路的路痴姑娘啊。

仔细想想，路痴姑娘在他历任女朋友中只能算长相最普通的那种，但绝对是他众多前任中对他最好的姑娘。下雨天打着伞去给他买早餐，所有的脏衣服全部都是这个看起来瘦瘦弱弱的姑娘拿来洗，生病在医院的时候会整夜整夜地照顾他，哪怕他一个星期没有理路痴姑娘，一个电话，加上“我前几天太忙了”的解释话，路痴姑娘就会立刻出现在楼下等他。

就是这样的一位姑娘，在和他交往半年之后还是被他甩了。理由很简单，隔壁班的林妹妹身材好。

但是据我了解，我这大学同学绝对不是个吃回头草的主，我和他说，当年那个“宁自宫，不回头”的铮铮铁汉咋开始吃回头草了呢？

他故作深情地说：“曾经有一份真挚的爱情摆在我面前，我没有珍惜。如果上天再给我一次重新来过的机会，我一定会对她说一句话，洗衣服用蓝月亮，不伤手。”

我脑袋里一阵黑线。他哈哈一笑：“其实是兜兜转转这么久，发现这么多女朋友还是只有她做的饭最好吃，所以我想明白了，就是这个姑娘了。”

我还处在匪夷所思中，我的大学同学似乎早已开始了他甜蜜的爱情，但是没过两天，他晚上又拉着我喝酒。

原来是当天他找路痴姑娘求婚，被拒绝了。

喝醉了，他拉着我的胳膊说：“你说我这浪子回头了，她怎么偏就拒绝了我呢，我求婚的姿势难道不对？我就想不明白了。”

他之前是游戏花丛，我并没有见过他为谁买醉，我问他：“那你是真的想娶这个姑娘？真的很爱她？”

他说：“想娶啊，我年纪也到了，她还挺好的，最合适和我结婚了，重点是我打赌她爱着我。”

我没有再劝他，而他则在喝多了之后各种回首前尘往事，想起自己曾经爱过那么多姑娘各有各的妙处，甚至还细细地给我数了一下，这些姑娘的特征，例如有个姑娘家是本地的，所以每个周末都带她妈妈亲手做的饭给他吃；例如有个姑娘是个文艺妞，他们两个人走过不少城市，睡过不少酒店；有个姑娘则是个骑行专业户，于是他也曾骑车跨越了两个城市。

他有很多的爱好，他并不知道这些爱好他更喜欢哪一样，就如他有很多的女朋友，他并不能分清那些女朋友他真爱谁一样。

喝完酒，我把他搀扶回去的时候，他还在想不通为什么会被拒绝，一直喋喋不休问我，我并没有再多劝他什么，因为我竟然站在那个姑娘这边，觉得她拒绝得好。

那天晚上，我见着路痴姑娘发了条状态：人们总是习惯货比三家，似乎更加稳妥。

所有女生都幻想过自己的初恋男友风景看透，最后回到她的身边，陪她看细水长流的场景。事实上，这些偶像剧里的煽情桥段一旦在生活里上演也会变成一出悲剧。

爱情毕竟不是菜市场，你的白菜一块钱，隔壁白菜两块钱，等我问遍所有价格，货比三家之后再回来买你。比较的爱情早已不是爱情，他回来找你并不是因为他更爱你，只是因为你的价格最便宜，你在他的眼里，只有性价比。

爱情不是买卖，在爱情里也不要做白菜。

我们总是听过那样的故事，将家的安定视为束缚，于是看遍大好河山，却更加觉得家好。这听起来确实是一件不错的事情。但是放在爱情里，则不会存在这样的关系。当初的爱一旦分开，定然有着某种不合适的因素，倘若一个男人在分开之后，又去爱过很多人，之后再回到原来的人身边。人似乎是原来的两个人，但是感情绝对不是原来的那份感情，它也只是比较后的选择。

这种选择，开始也许会很美好，好像两个人又和好如初，甚至更加好，但是当下一个诱惑出现的时候，往往就又会被诱惑打败。

哪有什么风景看透，陪你看细水长流。想要看细水长流的，都是没有比细水长流的风景更好看了，就凑合凑合得了。

当然，这怎么可能是爱？

后来，我再也没有见过路痴姑娘，却几次听说，路痴姑娘过得还不错，又做了什么事情之类的。

都与爱情无关。

似乎人们总在想着如果面前这个人不适合自己，却又舍不得，于是就开始食之无味弃之可惜。

后来因为习惯的原因，即使出了大错，明白了这不是真爱，却也会拖下去。

这个时候，其实不如放手得好，明白了不爱，放手之后，才有懂得爱的机会。

有了机会，就会拥有爱的可能了吧。

## 岁月静好，开心就好

我发现姑娘们，无论是热恋着的还是失恋了的都喜欢看一些和恋爱有关的准则，诸如“爱情里，男人说的哪些话不能信”“哪些细节说明他不再爱你了”“我们在爱情里都有哪些错觉”，好像知道了这些条条框框，就能谈好恋爱。

那天我有个女性朋友在微信里给我发语音，“我男朋友在我们恋爱九百天的时候没给我买礼物，甚至都没给我发信息，他是不是不爱我了？”

这两个人的爱情我是一路看过来的。大学两个人异地，她男朋友每个月都要坐十几个小时的火车来看她，直到两个人毕业去了同一座城市，相思才变成住一起。用她男朋友的话说：“我有一万六千个小时在想她，九百个小时在奔往见她的路上，剩下的时间都没有计时，因为终于能够每天见到她，时间总是过不够。”

我听得掉了一地的鸡皮疙瘩，但我能感受到的是，这样的两个人是真真切切地相爱。

我说："爱不爱这种事要问你自己，两个人在一起要过的节日那么多，也许他没觉得九百天是一个很重要的节日。"

听这个姑娘的语气好像也并没有失望，她说："那好吧，我再给他二百九十八次改过自新的机会。"

我觉得我又被人秀了一脸的恩爱，瞬间就不想再和她聊天了。

类似的问题她之前也问过好多个，例如，"男朋友只给我买了一支一百块的口红，要不要和他分手？""男朋友送给了她一件二十块的T恤，他们是不是不适合在一起了。"

我问她哪来的这么多奇奇怪怪的问题，她说最新看的文章，里面的观点类似于"男人舍不得为你花钱，这样的男人不要嫁""他送你几十块的衣服，你在他的眼里也只值几十块"，无论我怎样劝，她最终都只有一个决定，那就是不分手。

有一天我被她问得急了，以一种以拆散天下有情人为己任的语气反问她："你们怎么还没有分手？"

她居然一本正经地回答我："因为我和他在一起很快乐，所以就这么着吧。"

你看，爱情里哪有那么多条条框框，真正在一起的人只有一个准则：开心就好。

果然她男朋友没有把九百天纪念日当回事，他在九百九十九天的时候给这个姑娘准备了一个爱情长久大礼包，她开心得不得了。

后来我给她分享了一篇文章，故事里的女生把恋爱里的每一天都当作纪念日，嚷嚷着男朋友不给她送礼物，男朋友也是很苦恼啊，他还有工作要做，哪有那么多精力每天哄着她，两个人交往了一个月就分手了。这种节日性的东西每个人和每个人的标准都不一样，有人逢十过节，有人在一百天的时候过节，两个人分手的原因并不是这些小细节，归根结底两个人分手的理由只有一个，在一起时不快乐。

不止爱情如此，这条准则我觉得应该普及到生活各处，世事难料，开心就好。

我在很长的一段时间里，都有一个不成熟的观念，只想对错，只想成长，哪怕这件事自己做了并不会开心也没关系，反正这就是成长的意义。

其实不是。

大一的时候做了各种各样工资不太高的兼职，因为学校不好，距离市里又太远，兼职群里发的兼职消息都是些站在路边发传单、去别的大学做促销的工作。

我在路边发过房地产的广告，房地产做回馈业主的活动时，也做过地产的接待。

刚入冬的时候，在会展中心做气模人，穿着大气偶，背着小鼓风机，尽管穿着羽绒服，后背还是被风吹得很冷。后来慢慢做了他们的兼职领队，自己也会接到一些兼职，然后从学校里再找做兼职的人。

现在想想大一的时候真是辛苦，但刚升大学的时候觉得虽然苦，但我当时认为这是一种锻炼，一种成长，尽管自己并不喜欢这些事，但自己迫切地需要这段经历，证明自己是在进步和成长。

可是仔细想想，从这段经历中到底学到点什么呢？吃苦耐劳？挣钱不易？应该是吧，总之我记得不是很清楚。

快乐吗？想一想也不算快乐。

在大一上学期，我已经不单纯靠别人派兼职了，而是自己能接到活，再去找兼职人员，自己从中赚一笔。

当时，和新浪乐居一个负责策划活动的人对接，他们和多个房地产都有合作，每当有新楼盘需要兼职的时候，他都会找我们，让我们帮他找一批人来做兼职。

大一寒假，我都定好了回家的车票，新浪乐居负责策划活动的人给我打电话，有一笔大单，让我找三十个做兼职的同学。大一的第一个假期是最想家的时候，我从没有离开家这么久过，送走了宿舍里的一个个室友，自己退了回家的车票，安慰自己生活中总有各种两难需要抉择。当时想过回家，又担心拒绝了他第二年他不会再找我接兼职，而且这单兼职确实挣得很多。

之前我们找人都是在兼职群里发布几条兼职的消息，就会有做兼职的同学给我们打电话。因为放假的缘故，发了几条消息后都石沉大海，没人搭理。没办法，我和我的搭档一个宿舍挨着一个宿舍地敲门找人，从一楼爬到五楼，一共问了五栋楼，才找齐还没有回家、愿意做兼职的同学。整整找了三个小时，还没有吃晚饭，一路小跑着买了方便面，赶在宿舍关门前回到了宿舍。北方的冬天没有暖气简直受不了，学校里的学生差不多走干净了，烧暖气的大爷也没再管暖气，空荡荡的宿舍只有我一个人，比起天气的寒冷，心里的想家和孤独更不是滋味，晚上我盖了三床被子才能睡着，我睡觉一向不老实，那晚我竟没有翻身。

最后一天的兼职结束，我给搭档打了个电话，问他那边的情况怎么样，他说他早我一个小时就结束了活动，已经回家了。他家就在当地，我还要回宿舍住一晚，等第二天才能回家。

当天兼职结束的时候是六点，回学校的最后一班公交车是晚上七点半，我记得特别清楚，当时我没有直接回学校，从兼职的地点坐了四十多分钟的公交去商场给异地的女朋友买了最大盒的费列罗，然后又跑着去赶最后一班公车。夜晚一个人躺在宿舍里，回想这半年的经历，确实感觉自己变了不少，但我却为这改变升不起任何喜悦。

后来觉得兼职越做越没意思，这并不是成长。

大二上学期写了份创业计划书交到学校的创业组，开始人生的第一次创业孵化。

第一个项目是开了一个车店，买卖和租赁自行车，也会组织骑行活动以及学校里和骑车有关的活动。刚做的时候还是挺热血的，人生第一份真正意义的事业，刚起步的时候为了找到价格合适、质量不错的自行车，天天起早贪黑地在市里各处跑，谈加盟，谈价格，当时我和我搭档把第一年兼职挣得那点钱都砸在这个项目上，不好意思问家里要，又从生活费里省吃俭用，每天吃饭的时候多买米饭少买菜，艰苦奋斗一个月，车店挣得越来越多，生活才逐渐好转。

后来因为多种原因，第一个项目经营不下去，转给了别人。

迷茫了一段时间，也开始思考自己的方向。从大一做兼职到创业失败的一年多，挣过钱也被骗过，按照道理讲自己的收获应该蛮多的，可在做这些事情的时候我从没有觉得这就是我喜欢的生活。

我开始想我大学前的理想，想我之前喜欢过的事，正巧高中时候认识的一个作者介绍了一个活，很简单，只是写软文，但是当我开始想的时候，我却觉得这能让我开心。

聊了很久，发现越聊这之间的事情，越开心。

我记得我当时总喜欢用一套理论去准确地分析，这付出与收获值得还是不值得。

我在多长时间能收回成效，然后如何如何。

但是，经过那段时间之后，我发现，其实我不去想付出与收获去做一些事，目的性不那么强的时候，反倒是能让我自己开心起来。

这种开心，是由心里产生的开心。

而那些条条框框，我现在还不知道对和不对。

但是我相信一句话，你所能感受到的对，就是对，就像是谈恋爱，你所能感受到的爱，就是爱一样。

所以，其余别的什么的，算了，就算了。

不是说条条大路通罗马吗？那选择一条自己喜欢的路去走，选一条让自己开心的路去走，只要走下去，也可以通罗马。

## 生活中没有什么难题是吃一顿解决不了的

我发现，生活中没有什么问题是吃一顿解决不了的，如果有，那就吃两顿。

向阳是我的高中同学，能吃，好吃，且对吃不挑剔，只要是能吃的东西，他一概不会放过。悠悠是向阳的女朋友，也是一地道的吃货，两个人因为兴趣与理想接近一致，决定暂时走到一块，希望可以相互学习，在吃的道路上越走越远。

两个人约撸串，约火锅，撸袖战斗一个月，发现当地再无美食可吃，一商量，是时候组建一支全国美食小分队了。

悠悠负责侦查全国的美食地点，向阳负责吃光最后一盘食物，两个人以发现美味为荣，以打包带走为耻，从北京一路吃到深圳，几次从饭馆吃进医院，不过两个人始终凭着超人的毅力以及强大的身体素质，越吃越勇，最后两个人互相欣赏，建立深厚的吃货友谊。

然而，再深厚的友谊在美食面前也变成了纸老虎，两个人发生了分歧。

向阳久闻陕西面食天下一绝，只想百闻不如一吃。

悠悠则打算下一目标征战川蜀，领略当地的钵钵鸡是否真如其名。

向阳拱手告别，巴山路险，吃友且路上保重。悠悠拒收了向阳的消息，并向他扔了一只狗。

两个人这就算分手了。

夜深，小雨，所有的饭馆都已打烊，悠悠在当地有名的火锅店从没有人吃到没有人。她终究没有去成都，因为她觉得失恋了还是应该在自己的城市吃东西，吃坏了肚子还有朋友能送医院。此刻，悠悠又饿又难过，她需要大吃一顿来发泄心中的怒火，没想到连食物也欺负她，看着眼前剩下的半盆火锅，眼泪噼啪噼啪地往火锅里掉。浪费是她作为一个吃货坚决不能接受的事情，还有，和向阳一起吃了那么久，她已经摸不准自己的饭量有多大。

悠悠大骂向阳混蛋，吓得老板手足无措，直安慰姑娘火锅可以免单，吃不完带走也行。

悠悠听不进老板任何话，眼泪就着火锅一同吃掉。

正当时，只见正门杀进一人，左手执自制火锅蒜泥料，右手抄一超大号漏勺，一看此人就知晓，他一定身经百战，是江湖中极为讲究的吃霸。没错，就是向阳。向阳也没去陕西，缺少了侦查美食的悠悠，他根本不能判断陕西哪家的面最好吃。

向阳丝毫没有安慰悠悠的意思，二话不说，坐在对面，以吃来表达自己的心意。向阳果然是吃中豪杰，辣红了脸，又辣红了眼，最后辣得眼泪噼啪噼啪地往火锅里掉，向阳头也没抬，一口吃掉最后一勺毛肚，抹抹嘴，看着对面的姑娘说："走吧，吃完了，我送你回家。"

夜色正浓，小雨也下得温情。悠悠与向阳都觉得吃得好饱，两个人定下目标，先去吃川菜，再去吃面条。雨并不冷，心也很暖，失恋了就先去吃一顿，你也许就会收获意外之喜。

有段时间我忙得焦头烂额，写论文，作报告，提交了几次的选题编辑不给通过，当时又在和女朋友冷战。我整天深入简出，窝在寝室，吃饭都是让室友带，随便对付两口。满满的负能量，事情都堆在一起，理都不想理，一窝就是一周。

舍友于心不忍，也有可能是室友实在厌烦了给我带饭。强行把我从床上拎下来，拽到了一家现在回想起来都贼好吃的东北菜馆。两个人，点了四荤一素，再加一份东北大乱炖，一大碗牛肉汤。

现在想起来，那是我吃得最爽的一顿饭。

席间室友和我说话，我没空搭理他，我就低着头一直吃，一直吃，吃到全身冒汗，热气腾腾，室友被我的吃相吓了一跳，忙给我倒碗汤。不是我不搭理他，是这家的菜太好吃了，我在这儿生活了四年，都从没注意过，他家的菜可以这么好吃。

酒足饭饱，打个饱嗝。我忽然清楚了选题是哪里出了问题。

室友问我这几天是怎么回事，怎么这么消极?

之前一肚子的苦水忽然不想再倒了，我摇头，说了一句，可能是食堂的饭太难吃了吧。

干了最后一碗牛肉汤，想明白了很多事。我决定给女朋友打个电话道歉，两个人在一起不要去争个对错，低头道歉总没错。

电话打过去，我还没来得及说话，她在那头和我说，街角新开了家小龙虾馆，明天带我去吃麻小好不好?

我忽然觉得，其实生活里面，除了吃喝，并没有什么大事。

你所经历的失落、失望、失意，可能并不是因为世界太恶，而是你太饿。

找个小馆，好好地撮一顿，人类只有满足了最基本的需求，才能更好地思考生活的意义。

吃饱了才有力气折腾，吃好了，你就会觉得生活都是希望。

细数生活里好吃的几个朋友，除了向阳夫妻，还认识一个好吃的姑娘。

此姑娘名叫小盒，成都妹子，好吃辣，会做饭，烧得一手四川菜，让你吃一遍就忘不了那个麻辣味。

小盒最常做的事是在深夜的时候在朋友圈上一组四川美食，深夜本来就容易饿，被小盒一刺激，完了，今晚算是睡不着了。

为此，小盒拉了不少仇恨，可没有朋友敢当面指责小盒的丧心病狂。原因无他，暑假我们还要组团去找小盒，让她带着我们去成都胡吃海喝。

去年的时候，我找过一次小盒。小盒带我领略了四川的风味之后，我才下定决心把小盒从我的黑名单中拉出来。相比于晚上忍受小盒时不时地来一发的美食诱惑，眼前的美食才最重要。

火锅不必多说，还有什么钵钵鸡啊，串串香啊，龙抄手啊，豆花啊，统统都好吃得不得了。

一提到吃就扯远了。我要说的是，吃对于小盒的意义。

曾有朋友当着小盒男朋友的面问过小盒："如果男朋友和你的平都牛肉松同时掉水里，先救哪一个？"

我以为小盒会给男朋友个面子，至少犹豫一下。

谁知小盒回答得简单干脆："肯定先救牛肉松啊，牛肉松被水泡了就不好吃了，男朋友多泡一会儿又没事。"

小盒回答完毕，男友依然面带微笑，也不生气。

朋友本着两个人若不吵架，誓不罢休为目的，接着和小盒打趣："你这么说，也不怕男朋友和你分手？"

小盒说："世界上唯美食与会做美食的人不可辜负，他和我分手了，去哪找像我这么会做饭的女朋友啊。”

小盒说得自信从容，有句话叫，要想留住男人的心，先要留住男人的胃。

其实小盒和她男朋友也是因吃结缘，他的男朋友烧得一手好菜，再加上两个人都对吃有着极高的要求，周末的时候，闲来无事，一言不合两个人就要切磋下厨艺，菜越烧越好吃，感情也越烧越热。

小盒说：“一个不在乎吃的人其实不会爱别人，他连自己最基本的生活需求都不当作大事，在他眼里，什么才是大事呢。”

细想想，小盒说得好像还有一番道理。

与其喝一碗励志鸡汤，不如去吃一份十块钱的钵钵鸡。心情好了，看到问题的角度也会多样。

客户的刁难也许是对你工作的一种磨练；目前的低薪，只是为了给你提供更大的发展空间，世界没有想象得那么好，但也没有想象得那么糟，还是要怀着一颗勉励自我的心去接受最能让自己成长的结果。

如果你此刻正为你认为的头等大事发愁，不如放下手头的工作，约上喜欢的人，吃一顿最丰盛的晚餐，放开吃，使劲吃，吃上三天三夜，吃到日月无光，吃饱了就会有斗志，吃好了你会看到希望。

生活中哪有什么问题是吃一顿解决不了的，如果有，那就吃两顿。

## “马克”干货的正确打开方式

我相信，很多人都说过“马克”，或者“马”，抑或收藏了一系列对未来变好有用的东西，但是后来的后来，它们静静地躺在那里，都没了后来。

我起初没有发现我也有这个臭毛病，后来是参加高中同学婚礼的时候，提醒了我。

高中同学婚礼前几天，我们高中几个朋友去看她，碰巧我也回了家，就一起去了，和我同行的是几个女生。

婚期将近，新人都会很忙，那天下午她约了化妆师试妆，一边试妆，我们一起和她玩。

期间，化妆师说她的皮肤比较干，会导致上妆不敷，一定要多敷面膜补水。

这个同学点头，说回去一定敷，还问了化妆师有什么好的面膜推荐，化妆师说，补水的面膜就可以，这个不用太多要求。

我们当中有个女生喜欢护肤，就在这个过程中也推荐了几款自己在使用，而且亲试效果不错的面膜，什么补水美白抗氧化之类，我不太懂，但是几个女人围绕着护肤聊得特别多，也特别兴奋。

那个即将结婚的同学最常说的几句话是，“对对，听说那款产品不错。”“我喜欢的美妆博主一直在用这个牌子。”“谁谁家的卸妆水听说超好用。”

她最常用的一个词就是“听说”。

要么就是谁谁说，我见谁谁推荐过，我从哪里看到过。

试妆到结婚有近半个月的时间，我们分开那一天，她还说一定要试一试别人推荐的面膜，她超想护肤。女生一旦皮肤好，显得就漂亮。

结果，她结婚当天，我们都起个大早去看她，她正在化妆的时候，化妆师问她，最近没有好好敷面膜吧，皮肤太干了。

她说：“就敷了一两次吧。”

当初推荐面膜的那个姑娘问她：“你找我要了那么多推荐品，你都没有用吗？”

她说：“哪有时间啊，我都没来得及。”

“敷个面膜就二十分钟的时间，而且敷面膜的同时也能做很多事。”

她们再讨论的时候，我就出去找地方抽了一支烟。

后来我想，和敷面膜需要多长时间没有关系，好像我们都知道太多太多干货，却只是让干货躺在了收藏夹里。

我每次上网逛知乎或者豆瓣的时候，只要有人推荐什么“最体现人性的十部片”“这些片子简直是大反转”“你永远无法想象的脑洞”

等，各种各样的影片集，我都会点个“喜欢”或“收藏”，如果是帖子定要马克一下。

想着以后有机会去看，然后马克完了，就忘了。

还有因为用收藏这个功能之后，我原本可能看帖子还会认真，但是如果当时手头忙着打游戏或者别的事，就会大致浏览一下，马克下了，想着以后看，就不着急了，但是以后我也看得很少。

久而久之，当人们谈论一部片子的时候，都是似曾相识，能说一言半语，但是一细说的时候，就不知道了。

成了一个貌似什么都知道，又什么都不知道的人。

一般马克的东西，百分之八十都不会再去翻另外一遍，好像我们收藏了，就会开始优秀人生旅程一样。

优秀旅程并不是从马克开始，去试试才是。

我知道的很多爱马克的人，一般都是不走心的人，更多的是伸手党。

之前有个朋友，她减肥从一百三十斤减到了九十斤，然后写了一个帖子，发了几张自己减肥前后的照片。下面就有一堆减肥妹子去问使用了什么样的减肥方法，或者问她什么什么减肥法有效没效。当她回答了健身加合理饮食之后，就又有人让她共享一张她当时吃的食谱。

她就没有共享，回复拒绝伸手党。

我没有减过肥，不知里面门道的时候，她说一般要食谱的也不会去做，她在之前的时候也是这样的状态。

她在没有下定决心减肥之前也曾经马克过很多的教程、减肥好办法之类的。

但是她都没有再去翻过，她一天打鸡血一天暴饮暴食。后来就变成了只马克，和别人谈起减肥来也是知道一堆方法，却依然很肥。

后来，她开始真正减肥，就是大家最常规的那种“管住嘴，迈开腿”。她发现，自己收藏的那些东西的精髓其实也就这几样。

少吃多运动。

并不在食谱如何，更重要的是你需要去实践减肥。下定决心去减肥的话，她就会直接去网上百度一下所谓的减肥食谱之类的，也不会每天等着别人所谓的干货了。

我也很喜欢马克很多干货，因为干货看起来总会有一张可以更好生活的脸，谁会拒绝更好的生活呢。

所以就会去马克很多，在马克的时候觉得如获至宝，事后却不一定翻一翻，试一试。

我看过一本讲“断舍离”的书，之后就下决心要断舍离，但是没断半天，就被人打扰了，忘了之后就再也不去断舍离了。

在我准备好好学习写剧本的时候，我买过很多编剧类的书，但是只翻过几本，更多的都在写字台蒙了尘。

后来，我就开始不喜欢一次性马克太多干货了。

就像是听人生大道理一样，感觉听太多道理，反倒是不容易过好这一生，不如只知道几个道理，去试一试这些道理。

据说，当我们接受一个新东西决定实践最有效的时间是72小时，如果超过72小时，你没有做，你就觉得再拖一拖也没关系，久而久之连做都没有做了。

而如果自己去主动探寻一下这件事情，去尝试，那么就会真正地掌握很多技能。

干货这种东西，不用太多，而且最重要的在于去探寻一下这是真干货还是假干货，去实践。

只有这样，干货于我们而言，行之有效才成了干货。

而连行动都不行动，只是随便马克一下，那么那篇文章于我们而言，干货还是水货，都关系不太大。

反正，它躺在那里，一直无人问津，最后都会变成废货。

别去追求太多干货了，先把我们马克了的干货，试一试，清一清吧。

## 那些精彩背后的事

我一向喜欢交朋友，特别是交一些能够唤起我兴奋点的朋友，与有意思的人交朋友，往往就像是经历了一场完美的旅行一样，收益颇丰，开阔眼界。

很多时候，我对此乐此不疲到一种偏执的地步。

那个时候，我似乎也在觉得如果我总碰到这些有意思的人，那我的人生也会精彩。

不得不承认的是，我当时以为，只是浅显地和一些厉害的人交朋友，我也会厉害起来。

可是后来，随着我和这些人的深入接触，我发现这种想法很天真。

我明明最开始就懂得一个道理：欲戴其冠，必承其重。但是我还是在最开始的时候以为，这些精彩，都是他们毫不费力就变得精彩的。

有个写网文的小神收入作者麦子姑娘，现在很多身边的人对麦子姑娘的评价就是羡慕。

她现在不用上班，每天九点起床写稿，一天写三个小时的收入相当于普通工薪者一个月的工资。不开心的时候就完成工作之后吃喝玩乐买买买，开心的时候就多写一点当作给读者的福利。

如果你问她在当地有什么好吃的地方，不管你什么要求，她都能给你精确地指出一家符合要求的店来，几乎所有的差不多档次的店，她都吃过了。

这种人生，如果我是别人，我也是两个字：羡慕。

可是，我是见证了麦子姑娘如何从月入两千变成现在的。

我见证了麦子姑娘从最开始的羡慕别人，到后来忧心自己的未来，大把大把地掉头发，有一次忧伤地告诉我她都要秃了，发际线总往后挪。我也见证了她从一个健康的少女，生生地因为把自己的腰坐坏了，腰肌劳损加脊椎炎，经常码字任务重的时候需要抽时间去按摩。

我有一次问麦子姑娘，你是现在累，还是曾经没有写出来的时候累？

麦子姑娘说，从曾经往上爬的时候累。

写网文这种事，大家都觉得是麦子姑娘幸运，因为和她同样年龄，入这个圈子差不多时间的姑娘们，混得稍好一点的，一个月的稿费都没有她现在的一半，而且，之前麦子挣二千的时候，那个人的稿费还比她多呢。

麦子和我说："其实不是。我曾经也许真的不如那个人写得好，但是在我大量写稿比别人更努力的时刻，我可能已经不知不觉追平了她的讲故事水平，并且超过了她。麦子说，最开始她的机会都比我好，如果有推荐的时候，网文是靠差不多质量的更新量堆上来的，她每天只更一个最低线，我劝她多更一点，她都会觉得自己太累了，抗不下去了。后来，这个机会轮到我的时候，我太穷，太想混出来了，所以就太珍惜机会了。我曾经一天写过三万字，从早晨七点到晚上十二点，中间只吃过一顿饭，上过两次厕所，为了怕上厕所，我连水都不敢喝。我每个小时的码字速度是一定的，所以只能延长码字时间。”

麦子写完那天稿子的时候，和我说：“真的，我写完了大冬天跑到了小区里，冻了一会儿，感觉就是想吐。在房间里憋太久，写了太长时间累得想吐。这样连更了一周，编辑都惊了，每天我都是更新榜第一，可能也是这种态度感动了编辑，以后我的推荐也开始越来越好。”

大多数人在看到差距，以及同等级别的人忽然一跃而起的时候，往往都会夸大幸运的成分，却不知道其实努力占了最大成分的事。并不是别人的运气比你好，机会比你多，才会跑得比你快，而是，在最开始的时候，她比你努力，所以就比你容易把握机会，把握机会的次数多了，看起来运气就好了。

我问麦子：“现在还那么更吗？”

麦子说：“平时不那么更了，可是，如果有一个我希望把握的新机会来的时候，我还是会那么拼命地写。我这个人就是这种性格。”

“如果有一个机会摆在我的面前，我就是拼尽全力，哪怕是死，我也会爬上那个高台，死也得死在那个高台上。”

这是麦子的原话，虽然她在开玩笑式地夸张，但是她好像真的就是这种人。

有一个编剧朋友，是我们在一次朋友引荐见投资人的时候认识的。

当时大家过去聊东西，所谓的头脑风暴，因为那天很累，下午见到的一些人都不是很厉害，徒有其表那种，和我一样连门都不算太入，还吹得上天入地。

所以，我对晚上这个安排兴趣寥寥。

结果，到了那里，刚开始聊的时候，确实都挺客气，和下午我去的局差不多。

这个编剧朋友介绍和我一样，都不算太厉害，也没有什么名头之类的，只是说了些最近的安排。

然后大家一边喝茶一边聊，聊着聊着就聊嗨了。

投资人想找人写个网剧，手里有个点子，却不知道故事如何展开，也不知道应该怎么弄。朋友组局让我们过去，就是为了这件事，所以请了些所谓的小编剧小导演，和一些相关的人。

这个编剧朋友当时是我第一次见，他介绍他是九六年的，在读大四。年龄比我小，我自然就把他归到了不专业里。

却没有想到，投资人在说这个创意之前，逗我们，给我们出了不少题目来让我们说故事。

这个人的反应力在当时最快，抛出一个点，就能迅速地搭上一个框架出来，临场发挥能力以及脑洞简直让人咋舌。

在我们听来有时候都一愣一愣的。

最后我们聊到了茶庄闭店，又转战酒店聊，他聊到十二点，大家还在聊的时候，就直接撤了。

之前我也见过一些局，因为我们都是电影学徒级别，所以大家都是几个人聊半宿搞定一个东西出来，他几乎是我当时见到的反应力最好的人。

也让我相信，有些人的存在可能就是为了让我长长见识的。

我那天从房间出来，和朋友聊天的时候，说了一句："他太震撼了。一点都不像是新人。"

结果我朋友和我说："不用太有压力，他爸爸在他们省的电影制片厂工作，是个编剧，妈妈是个作家。你要是有这种家世，你也厉害。"

我对他不了解，也就没有妄自揣测。

一直到后来又在别的场合遇到，加了联系方式之后，我翻遍了他的朋友圈，才知道，其实他的厉害和家世也许有些关系，但是并不是绝对的关系。

他的朋友圈最多的则是写着深夜写稿，兴奋。以及他一天保持着最少五个片子的观看量，雷打不动。还会定期碰到好片子拉片。

我翻到之前我们见面的那一次的状态，他十二点多回来，之后又看了一部片子，且写了分析。

我回想了一下，我那天貌似累得不行，直接回去躺下睡了。

好像会有这样一个误区，就是当我们遇到一个比自己厉害的人的时候，总会抛开他的自身因素先去考虑一下是不是有外在条件的帮助。其实运气与家庭、环境都只是外因，外因提供的是一种平台，就像一粒种子，阳光、空气、水都是外因，而这粒种子最终能不能破土而出，长成参天大树，还是要看它自己有没有坚硬的顶破土壤的能力、面对狂风能不能扎根到地底的恒心以及有没有努力向上生长。

诸葛亮再厉害，阿斗不争气，还是不行。

我起初的时候也在想，认识一些厉害的人，去看一看那些生活精彩的人，是如何毫不费力地成为人生赢家的，我也好去找一条这样的捷径。

可是，随着与他们接触越久，我就越会发现，哪有什么捷径。

所有的人成为厉害的人之前，都经历过漫长的一段独自奋斗、大量积累以及超级苦的日子。

之所以后来我们看到的是他们的精彩、他们的毫不费力，都是因为他们抗过了那些日子，而且适应了高压下的拼搏。

越是生活得精彩的人，他们所付出的努力与辛苦越会是我们的双倍甚至更多。

毕竟，生活于你我，所设定的难度指数都差不多，我们把生活过成差不多，尚且都需要花费不少力气。

就更不要说，在差不多之上，再过出精彩来了。

我在没有全职实习之前，我看文章里讲有些人一边上班一边下班后写稿，我会觉得很容易。

可是后来，我去实习，上完一天班再回去，就累成狗不想写。

才发现，其实坚持写东西，并同时做两件事，很难。

需要付出更多的精力、体力和时间，需要克服疲惫、倦怠和懒惰的侥幸。

一个人在某个专业领域有所建树，更多的则会是他在这个专业里花费了更多的时间，付出了更多的钻研。

每个人的专业基础、他自身的能量都是基础，而所谓的其他方面都是这些能量之外所产生的连锁效应。

从来就没有毫不费力的精彩。

在精彩的背后，是为了精彩一步步艰难地前行。

是深夜的坚持，是怀疑后的坚定。

是在遭遇挫折后一次次的进攻。

## 你活成什么样，什么就是生活真相

在我生活了十几年的小县城，上学无用论盛行，他们的论调大抵如此：

上学有什么用，大学毕业，一个月才三千块钱的工资，还不如工厂里的学徒工挣得多。

从初中读到大学，十年至少得花十几万块钱，那些从初中就开始打工的，十年至少挣二十多万，你上十年学，少挣四十万。

你看谁谁谁家的孩子，大学毕业，还不是回家找工作。隔壁王小二家的大儿子，连初中都没读完，卖海鲜一年也挣个小几十万。

他们言之凿凿，还能举例。

在小的时候总感觉这些论调对我充满恶意，认真读书也成了他们伤害我的理由。

每到这时，我不服，我争辩，吵得面红耳赤，又被甩下一句，“读书读傻了，小孩就是犟。”

年岁渐长，我逐渐发现，那些吹捧上学无用论的多是没读过书的人，他们大多还在为了生计而蹉跎；而真正接受过教育或在事业上有所成就的人，他们从不会觉得知识是社会上最无用的生产力。

这些人其实也并非恶意，他们只是说出了他们所看到的生活，这些人从未出过远门，甚至未坐过火车，更别提在大城市挣扎过，谋生过，他们接触信息的方式都是乡邻之间的口舌和谁谁家的孩子，在小县城生活几十年，便觉得世界都如小县城这般。

相反，那些一路摸爬滚打，事业小成，吃过没文化的亏的人往往更深知文化的重要性。

每年春节都要家庭聚会，亲戚之间平日里各忙各的生活，一年能走动的时间，也就几个节日。

生活里的交集少，聚在一起自然话也不多。每年都这样，聊上几句，再没什么话可谈，拎起生活多艰的大刀，开始霍霍地狂砍人生。

舅舅问姨夫，你们厂子里活还忙吧？

姨夫叹口气，就那样，一年不如一年，这一行越来越难做。

舅舅也跟着摇头，谁说不是，现在做什么都不好做，谁都活得不容易。

说起生活困苦，几个人总得喝上两杯，唉声叹气，一阵唏嘘，杯子碰到一起，人生呐，凑合着过吧。

本该欢脱的聚会气氛，变成了比惨大会。

席间三句话总结，生活太艰难，谁都不容易，得过且过吧。

次次如此，年年如此，毫无例外。

舅舅家的表哥，大我十六岁，初中没读完就投身社会的滚滚洪流，做过泥瓦匠，跑了三年的出租车，打过零工，年轻时吃尽了苦。

到了成家的年纪，农村嫁女儿，重彩礼，万紫千红一片绿，十几万的礼金。表哥这几年攒了几万块，一咬牙，又和亲戚借了点钱，这才把嫂子娶回家，也是欠了一屁股债。

人近中年，生活还是不如意，儿子成绩一般，想继续读书，表哥把他送到表姐家的工厂，给他谋条出路。他想自己学门技术，将来有个一技之长，跳出这个小城，表哥不同意，让他踏下心来在工厂上班，到了年纪再给他张罗门婚事。

父子俩矛盾不断，一个觉得自己应该出去看一看，一个觉得儿子的人生就得听老子的安排，敢不听，你就是反了天。

我隐约记得舅舅当年也是这样教育表哥，一代人赶着一代人，谁也逃不出这怪圈。

我不知道是生活本苦，还是有其他原因。

想给儿子铺条平坦的路，但能想到的只有让他重复自己这一生的坎坷。

上学无用论与生活多艰论，仿佛所有人的生活都如此一般，结婚生子，打工谋生，无论你做什么都会在命运的洪流里挣扎。

生活的真相是什么，是苦难吗？是蹉跎吗？

之前在学校做杂志的时候，采访过一位校友企业家。

他的出身并不好，一个落后的小山村，底下有四个弟弟妹妹。

身为长子，为了减轻父母来自生活的压力，在很小的时候他就出来打工挣钱，贴补家用。

在社会摸爬滚打几年，拉过钢缆，卸过货，还曾被骗到山里卖了一个月的苦力，最后分文没给，直接打发回了家。

2000年朋友说有一个发财的好项目，喊他倒卖了钢缆。辛辛苦苦一年，年底分钱的时候，朋友不见了踪影，后来听说，朋友卷着钱回了老家。

生活最潦倒的时候，一顿饭吃一天，凛凛寒冬，自己将衣服裹一裹，找一个相对暖和一点的地方坐一晚上。

后来生活渐有起色，回到老家，搞起了养殖奶牛。

起早贪黑，投了不少心血，生意越做越大，终于盼到了好日子的时候，却又发生了意外，赔了个倾家荡产。

之后又历经了生活里的种种磨难，倒下再站起来。

直到现在，他终于有了自己的第一家上市公司，一切都向好的方面发展。

讲起这段经历，他很感谢曾经遇到过的磨难。

生活的真相是什么，他说，生活的真相就是历经种种不幸的遭遇，生活打不垮的人，一定会成为生活里的巨人。

《这个杀手不太冷》中，玛蒂尔达和里昂有一段对白让我印象深刻：

再次被打的玛蒂尔达坐在阳台上抽烟，从未体会过什么是温暖的里昂杀人归来。

玛蒂尔达问里昂，人生总是如此痛苦还是只有童年如此?

里昂平淡回答，总是如此。

她在问出这个问题的时候，经历的遭遇是家暴、毒品、姐姐的打骂，以及父母的漠不关心。

里昂在回答这个问题之前，心爱的姑娘被亲生父亲所杀，十几岁的里昂从欧洲逃到北美，没有朋友，没有亲人，从小就成了一名冷酷的杀手。

如果玛蒂尔达能够像正常的孩子一样得到关怀，她不会问出人生痛苦的问题。

如果里昂能够经历些许温暖的事情，他也不会回答总是如此。

两个从未见过阳光的人，在他们眼中见到的只能是生活苦难。

两个人相依为命后，生活确确实实地发生了改变。爱情也好，亲情也罢，坚硬的内心都开始变得柔软，人生似乎除了杀人还有更重要的事情可做。萝莉和杀手玩起了角色扮演的游戏，杀手也体会到了什么是牵挂。

此时玛蒂尔达不再讲人生痛苦。

她躺在床上，里昂喝着牛奶。

她说，里昂，我想我已经爱上你了，这是我的初恋你知道吗?

里昂被牛奶呛了一下，擦擦嘴，你都没有恋爱过，怎么知道那是爱情?

玛蒂尔达说，我能感觉到。

里昂问在哪？

在我的胃里，感觉很温暖，我以前总觉得那里打结，现在不会了。

里昂说，恭喜你，你的胃病好了。

一段俏皮的对话，解释尽两个人的生活状态。

玛蒂尔达不想失去他，里昂尝到了生活的滋味，想睡在床上，想有自己的根。

如果此刻再问里昂，人生总是如此痛苦还是只有童年如此？

我想里昂会回答，一时痛苦，总会好的。

记得之前和一个创业的朋友聊天，几个人砸了不少钱，折腾了一年，效果很显著，全赔了。

正值人生低谷，和女朋友分手，欠了一屁股外债，茫茫人生还不知何去何从，家人怕他想不开，每天给他打电话。

按照正常的套路，他此时一定要做点什么才说得过去。

终日抑郁打游戏，或者深夜饮酒大醉一场。

朋友什么都没做，第二天拿着做了一夜的简历到处跑人才市场。

我和他说，你这套路不对，就算不深夜买醉，你也得把自己关上几天，骂骂生活狗血，聊聊人生不公。

朋友哈哈一笑，有啥好矫情，生活毕竟不能遂了每个人的心意。

这个世界里，有人享受着香车美酒，有人忙碌着一日三餐；有人在命运的洪流里随波逐流，也有人挣扎着逆流而上；有人从未见过温暖，只觉得人生本苦，当他初尝世间情爱，又觉这才是生活的模样。有人在经历打击后一蹶不振，大骂生活是个婊子，也有人重新收拾自己再出发，感谢打击让他成长。

每个人对生活都有自己的理解，但毫无例外，每个人都不想成为生活里的失败者。

生活的真相是什么？

你活成什么样，什么就是生活真相。

## 世间所有的相遇，都是我努力找到你

1991年的某一天，铁凝冒雨去看望冰心。

冰心问铁凝：“你有男朋友了吗？”

“还没找呢。”铁凝回答。

九十岁的冰心老人对铁凝说：“你不要找，你要等。”

后来这句话被无数单身男女引为恋爱法则之一，又可叫“等来的是缘分”。

其实这句话反过来讲，在爱情中也同样适用，“你不要等，你要找。”

二十几岁，你还没有等到爱情，曾有过几个心动的对象，你一直在等一个合适的机会，等他同样也注意到你，后来，就没有后来了。

七夕不敢逛街，不敢刷朋友圈，动辄就会受到一万点暴击伤害，朋友问你为什么不谈恋爱，你回答他，你也想谈，你一直都在等爱情。朋友摇头叹气，这一等，就又是五六年。

大一军训，胖子对琪琪一见钟情。

踢正步的时候，她练了几天，一直踢不好，教官罚她去太阳底下站军姿。

没过多久，胖子也跑了过来，胖子体积大，迎着太阳站她前面，正好能挡住她小半个身子。

琪琪略有感激，胖子没话找话，问她是哪个班的。

刚开始两个人还不咸不淡地聊几句，一起站了几天军姿，渐渐熟了。

琪琪问胖子，有没有闻到烤肉味？好香。

一向健谈的胖子没说话，摇摇头。过了五分钟，他晃了一下，径直倒在琪琪面前，风从胖子吹向琪琪，烤肉味更重了。

胖子四十度高烧，打了一夜的点滴，第二天还没等到退烧，就又跑回操场站军姿。

琪琪问他怎么不养好病再回来。

胖子义正辞严，军人就应该有铁一般的意志，不能被这点小病小痛所打倒。

教官也被胖子的意志打动，允许他回阴凉处跟队伍继续练正步，胖子听了教官的话，眼前一黑，又倒了下去。

胖子问我，你觉得琪琪应该会喜欢什么样的男生？

我听出他话里有话，鼓励他，在一份情感调查中显示，有趣比颜值更能讨女人欢心。

末了我拍拍他的肩膀说，喜欢就去追啊，想那么多干嘛。

胖子苦笑，摇摇头说，再等等，等一个合适的机会。

胖子爱得小心翼翼，为了不让别人看出他喜欢她，只能拼命对她周围的所有女生好。

下了晚自习，胖子化身打水小狂魔，来来回回跑了四五趟，给她全寝室的女生打热水。

她的室友都把胖子当作最佳男闺蜜，什么脏活累活只要招呼一声，胖子都会五分钟之内赶到现场。

大二搬宿舍，她的室友喊胖子过来帮忙。

他左手拎着行李，右手抱着被子，眼神到处搜索琪琪的身影，终于在角落里的床铺发现她，她正看着眼前的一大堆东西一筹莫展。

胖子跑过去说，你放着吧，我来帮你搬。

琪琪说，不好吧，你手里都拿了这么多东西，还怎么拿得了。

胖子把被子往肩上一抗，腾出一只手，拎起她的两个行李箱就往外面走。

一同来帮忙的男生纷纷给胖子让路，竖起大拇指，这哥们儿果然是条汉子，一个人搬了两个人的行李。

胖子咬牙从一号楼搬到十五号楼，放下东西还来不及喘口气，一路小跑，去搬琪琪剩下的东西。

我问胖子，累不累，你这喜欢一个姑娘，却做了所有姑娘的奴隶，结果，你喜欢的姑娘也不知道你的良苦用心。

胖子支支吾吾了半天，最后憋出来一句，可能累吧，我也不知道。

胖子被发了很多好人卡，有她的室友，有她的朋友，最后有人问琪琪觉得胖子怎么样时，琪琪说，他人很好啊。

胖子听到这话的时候，心都凉了半截，当一个女生说另一个男生是一个好人的时候，她多半不会和他成为情侣关系，“你真坏”才是女生对有感觉的男生说出来的话。

被喜欢的人发好人卡算是心凉的话，那琪琪恋爱的消息对胖子无异于晴天大霹雳，直接把他轰成了傻逼。

大家说，这个男生和胖子很像，都是胖胖的，一副热心肠，不过他只对琪琪好，好多时候，人们都怀疑这个男生是胖子失踪多年的兄弟。

胖子拉着我去喝酒，五十二度的白酒，太辣，辣得胖子眼泪直流。

我安慰他，想开点，世上好姑娘多得是。

胖子说，我他妈真的后悔，为什么没有听你的去追。

我们都曾暗恋过某一个人，怕她知道，怕她不知道，在你眼里你永远都配不上她，我们幻想过的都是自然而然地相遇，等着她有一天会突然喜欢上你。

当她身边站着其他人时，会后悔吗？

也许有人会衷心祝福，但是我悔得肠子都悔青了，只恨她身边的人为什么不是我。

我们要找，不要等。等待就是你错过一次又一次应该相爱的机会，世间所有的相遇，都是我努力找到你。

陆姑娘征战情场多年，杀伐果断，只要遇到喜欢的目标就玩命去爱，宁可错爱一千，也不放过一个。

用陆姑娘的话说，行走江湖，全为一个情字，不要去想两个人合适不合适，情爱一事，只有试过才知道。

秉承着这一态度，她一共经历了十七次分手。

我们觉得她的目标是百人斩，陆姑娘哈哈大笑，她说她的幸运数字是十八，她会止步在十八号选手。

我们暂且叫他十八先生吧。

成都某火锅店，陆姑娘寻找艳遇的地方。

说来奇怪，别人寻艳遇都是去酒吧，去景点，毕竟火锅店和风花雪月无关，一不小心还会被火锅腾腾的热气弄花了妆，掉了假睫毛，沾上一身的火锅味，即使遇到喜欢的男生，这也不是给双方留下好印象的地方。

陆姑娘说，唯火锅与汉子不可辜负，爱火锅的汉子更不能辜负。

陆姑娘自己解释这句话，两个人在一起一定要有几个共同的爱好，火锅就是识别我俩是否适合在一起的指标之一。

某日陆姑娘去老地方吃火锅，定了十八号位置，因为路上堵车，到了的时候，火锅店爆满，自己预定的位置也坐了一个陌生的小伙子。

她去的火锅店是一张桌子一个大锅的那种。陆姑娘大方地坐在男生对面，叫了份底料，问小伙子，介不介意拼个锅？

小伙愣了几秒，才搞清状况，支支吾吾地说：“呃，呃，呃，成。不过我要的锅比较辣，你可能吃不了。”

她抄起漏勺，也不看他的眼光，捞起一大勺毛肚，两口吃光，抹抹嘴说：“不太辣，你介意我再放点辣椒吗？”

也不等他同意，一大勺辣椒又倒进锅里。

神色里丝毫不将这点辣放在眼里，挑衅意味十足。

小伙子来了兴致，看了陆姑娘一眼，又在锅里添了勺辣椒。

好好的一顿火锅，两个人变成了拼辣大赛。

直到最后两个人都再吃不下去。陆姑娘说：“看你也没吃饱，你请了我一顿火锅，我请你去撸串吧。”

小伙说，成。

两个人又转战街边烧烤。

这个人就是她的十八先生。

两个人辗转腾挪，起承转合，吃了几天，互有好感，十八向陆姑娘表白，陆姑娘早就被他迷得神魂颠倒，哪会拒绝，直呼，我接受，快点来爱我吧。

在一起之后，才发现，两个人除了在吃上一致，其他方面大不相同。

两个人看电影，陆姑娘爱看爱情片，十八看科幻巨制，一看爱情就睡觉。

两个人约旅行，陆姑娘喜欢说走就走，走到哪算哪，十八喜欢做计划，订日程。

十八觉得爱情该是温声细语，我爱你，你爱我，大家平平淡淡，细水长流。

陆姑娘觉得，爱一个人就别顾忌那么多了，高兴时就吻他，难过时就吵架，真正的爱情是鱼与水，又不是鱼与锅，谈什么迁就和妥协。

两个人谁也不能改变对方，一商量，与其消耗一生，不如和平分手。

陆姑娘心里难受，走在街上会想起他，吃火锅时会想起他。

她说她害了相思病。

闺蜜安慰她："别灰心，我找大师给你算了算，你的幸运数字不是十八，而是十九。"

陆姑娘将信将疑："此话当真？"

闺蜜拍着胸脯："千真万确。"

折磨了自己两个月，陆姑娘想通了，回去找他，管它什么科幻巨制，旅行日程。

朋友问，你还有他的联系方式吗？

陆姑娘摇摇头，早删了。

不过她还是选择再去成都。

今年五月，陆姑娘和十八举行了婚礼，很别致，是在火锅店。他们第一次见面的地方，也是陆姑娘找到他的地方。

朋友们感慨，两个人在这么大的城市都能再相遇，不容易。

十八说，在她走的那一刻他就后悔了，可是他不知道怎么找到陆姑娘，只能在他们相遇的地方等她回头。

两个人在一起，一直是一个人找到另一个人。

“你要等，不要找”，这句话的意思是你在空窗的时候要提升自己，让自己更加优秀。

可是爱情毕竟不会不寻自来，你要不断地去找，才能给自己更多的机会，才能不负初衷，才能知道，怎样的人更加适合你。

世间所有的相遇，都是我努力找到你。

## 要有更开阔的眼界，才能有更多的选择

2015年4月，我签下了第一份转让合同，是的，我的创业项目失败了。

在最开始做这件事的时候，身边的同学有羡慕的，有鼓励的，他们说："你真好啊，我们还除了上课不知道自己能做点什么，你已经开始创业了。"我笑一笑说："算不上创业，就是瞎折腾，主要是以学习和积累经验为主。"

话是这样说，心里还是有点小小的春风得意，当时心里觉得毕竟是一个刚升大二的学生，能做到这样已经很不错了。

在做项目的近一年，吃过苦也吃过亏，我想，年轻人，只要心不死这些都不算什么。

为了策划一场有意思的活动，我和搭档连续一周都在准备活动方案，有的时候想到一个好的点子，我讲给他听，思路打开之后他能给我反馈两个其他的方案，聊着聊着，就错过了回宿舍的时间，我和他在创业中心探讨方案，经常一探讨起来就是一整晚。

说实话，我对这个项目的感情特别深，人生中第一次有意义的尝

试，从起名字，写计划书，打比赛再到后来的为了找渠道做推广殚精竭力，看着自己创造的东西慢慢变好，之前为它的付出都会觉得值得。

然而，它还是失败了。在转手之前我和搭档商量过，我说咱们再坚持坚持，万一它还有转机呢。其实我和他都知道，我们两个早就不复有刚刚创业时的激情和决心，心在黯淡的一刻，这个项目失败是迟早的事。当时我们还是有点其他想法的，树挪死，人挪活，拿着转手的这笔钱，还能做点其他事，天大地大，还能被这点小挫折束缚了自由不成？

想法很好，事实是在失败之后的很长一段时间里除了上网打游戏和躺在宿舍睡觉，我们都无事可做。也不是不上进不努力，是不知道自己还能做点什么。我常常会感觉到自己的人生很失败，越来越不自信，也越来越觉得自己一无是处。

无能为力的时候最容易产生挫败感，大多数迷茫的人都有过这种状态，知道自己过得不好，想让自己过得好一点，又不知道怎么才能让自己过好。

我们并不想浑浑噩噩，碌碌无为，可除了得过且过以外，我们找不到能让自己觉得有意义的，对未来有帮助的事情来做。

时间向前推一年，大一的时候我还在为了每个月的生活费奔波。当时我经常带队做兼职，在新浪乐居接到的都是和地产相关的工作，楼盘派单、回馈业主的活动，工作又苦，挣得还不多。当时我认识的都是些和我一样做兼职代理的人，也有其他站在路边发传单的小伙伴，我觉得所有人都一样，做着相似的工作。后来我觉得这么做兼职没意思，有活来找我的时候我都介绍给了别人。

其实当时也不知道不做这种兼职了自己还能做点什么，毕竟不想和父母张口要钱，每个月再节省也要吃饭喝水买衣服啊。生活所迫，又只好再断断续续地偶尔接个兼职，勉强过了两个月，后来，才开始了创业。

我所见到的努力的人、坚持的人并不少，成功的有，工作了几年仍旧默默无闻的更多。如果说努力了就一定会成功，那在城市里建筑高楼大厦的民工大概就是世上最富有的人，可他们这么拼命、这么努力的原因可能仅仅是为了能养家糊口，保住这一份工作。

谋生不分高低贵贱，但薪水却分高低。好多人熬夜加班，但挣得不多，有的人会说，这是选择得不好，但必须承认的一个事实是，好多人其实没有选择。

我的转变来自于一个大学毕业的朋友，专科院校，学的设计，毕业之后去传媒公司找了份工作，在应届毕业生中，他还拿着一份高于其他人的薪资。我身边其他学设计的朋友，好的大学毕业的能进一家不错的设计公司，像他这种专科院校出身的朋友，有的做了设计师助理，每个月拿着五六百的实习工资，有的觉得工资少，换了家公司做前台等升职或是去了商场做导购。

大学毕业，专业不对口可以理解，也见过工作之后跨行业跳槽的朋友，但没有一个像他这样，从设计到传媒，大学学的和从事的工作毫不相关。我觉得他这个事还挺新鲜，我问他是怎么做到的，他和我说：“我在大学的时候就做过传媒相关的工作啊，我在好几家公司都实习过。”

我忽然就想明白了，大学这两年我一直都在围着学校转，一个大学生在学校里能做什么？兼职，创业，我把在学校里能做的事情都做遍了，也就想不到自己还能做点什么。

我开始想除了学校里的这点事，自己还有什么资源。高中的时候写过东西，学过编导，虽然都是学艺不精，但这些真真切切的是我的兴趣所在。我开始逛豆瓣，找资源，加了大大小小的编剧群和作者群，开始慢慢摸索这些东西。

研究得多了，认识了很多种职业的人才知道还有这么丰富多彩的人生选择。之后又接触了很多之前没做过的行业，跟着别人学过写本，也在剧组打过杂，业余时间也会给自媒体投稿。

有的时候我就在想，如果项目失败之后就这么算了，等实习，等毕业，自己多半也会和专业里其他的小伙伴一样，找一份销售类的工作，无所谓喜不喜欢，因为也不知道还有什么工作可以选择。

但是现在不一样了，至少知道了自己的人生还有几种可能性，虽然未来同样前途未卜，生死未知，但自己能够选择的都是自己有兴趣的东西，选择去做销售和只能做销售是两种概念，前者是自由人选择生活的权利，后者是局限者的被迫谋生。

眼界和选择都是相对的，山腰的位置你只能看到不远处平淡的风景，只有登上山顶，我们才能判断更喜欢山腰的风景还是山顶的日出更令我迷醉。

## 只有爱情才能点亮的人生，不算人生

周书书失联了一个月，电话不接，微信不回。

我从房东那里借了钥匙，打开门的时候，房间里像是被洗劫过一样。茶几上放着吃空的饼干盒，地上躺着乱七八糟的脏衣服和一堆啤酒瓶，周书书穿着睡衣，蓬头垢面地坐在一堆脏衣服中间，就那么眼神直直地望着我。

她说："我想谈一个男朋友……"

周书书自称是食爱少女，身边的一帮朋友觉得太文艺，叫她恋爱狂魔。

她年龄不小，爱好不多，工作之余就是在谈恋爱，在周书书的字典里，恋爱等于食物等于水，都是人生的必需品。

我命令她去洗漱化妆，半个小时后带她去吃了顿饭。

席间，她也不说话，一直闷着头夹菜。眼泪噼啪噼啪地掉进粥里，又就着粥喝掉。

周书书失恋不久，还没从上一段感情中走出来。

我问她要不要聊聊。

她抬起头，胡乱地在脸上抹了两把眼泪，酝酿了下情绪后和我说的第一句话是，我觉得我的人生再也不会好了。

这个问题很严重，我问她为什么会产生这种想法。

她开始向我介绍前男友对她的百般照顾，最后以分手一个月，还没有找到新的目标为句号。

我听她的描述，她的生活里好像除了谈恋爱再也没有能够让她开心的事情，爱情成了她唯一的人生火把。

我问她，之前她都是怎么从失恋中走出来的。

她说，之前分手不超过一周，她都会找到新的男朋友，赶快爱还来不及，就没时间纠结上一段感情了。这次已经失恋了一个月还没有找到目标，感觉人生备受煎熬。

结束的时候，她还请我帮忙，要我帮她介绍个男朋友，拯救她失败的人生。

我没有办法答应她的这个请求，如果真的是为了她好，我反倒建议她不要急于开始下一段感情。

失恋是人生的必修课。

有的人在失恋后大吃一顿，或者喝一顿酒，酒醉之后大哭一场，大骂几句混蛋，第二天该加班加班，该度假度假，自己的生活节奏丝毫不乱；还有的人会把自己关在屋子里折磨自己。

像周书书一样，与世界隔绝，衣服不换，脸也不洗，失去人生方向，更有甚者寻死觅活。

与其说周书书是爱得太深，倒不如说她是安全感严重匮乏。

他照顾她，她依赖他，而一旦他有一天离开她，她所拥有的习惯和安全感都会随之而去，一个习惯了很久的东西突然不再属于她，她就会不知所措。

这个时候她听人们说，解决失恋的最好办法就是开始一段新的恋爱。她仿佛抓到一根救命稻草，还未从一段感情中走出来，就马上进入另一段感情，慢慢地，她就会走进一个恋爱的怪圈，谈得越多，越不知道爱的滋味。

这个怪圈叫作“不能接受空窗期”，恋爱于她不过是寻找一种照顾，一种来自别人的安全感。

她对眼前的人是有多爱吗？

并不是。

她从这个人身上得不到安全感了，赶紧从另一个人身上得到，她之前的习惯没有了，赶紧与另一个人培养一个新的习惯。

一个人对生活真正的安全感应该来源于自身，而不是从他人的身上获得。

步入婚姻殿堂的夫妻双方尚且是契约关系，你又怎么能够肯定陪在你身边的情侣会真的给予你一辈子的安全感呢？

很早之前在网上看到一个段子：

“我身边有个特别酷的女孩，谈了个男朋友，结果男的劈腿了。她把证据扔男的身上之后，甩了男的一巴掌，提上箱子就走了……

大半夜，无处可去来我家坐了会儿。然后忽然说，想去海边游泳。现在太冷，接着她就订了一张机票飞去马尔代夫了……

朋友圈都是吃吃喝喝的日常，最近问我的一件事是，看上了一个奢侈品的手环问我要不要买……

真的，完全看不出她是一个为情所伤的女孩……

我问她为啥能这么洒脱，她淡淡地回了我一句：总的来说，还是有钱吧……”

我把这个段子发给了花爷，问这段子是不是她编的，花爷驴唇不对马嘴地回了我一句话：“对呀，我这么拼命地赚钱就是为了以后能理直气壮地甩男朋友啊。”

花爷最近一次的恋爱也要追溯到一年以前，两个人谈了五年，在双方家长都已经见过面之后，她发现男朋友出轨了。

在我们的印象里，花爷的分手场景至少要手持一把菜刀，男友战战兢兢地跪在地上，花爷恶狠狠地看着他，一字一顿：“是你自宫还是要我帮你？”

然而，花爷的分手异常平静。

花爷问：“你喜欢她吗？”

他点点头，花爷没再说一句话，拿上外套，头也不回。

事后我们问花爷，分手的时候怎么没有一点的花爷气概？

花爷冲我们翻了翻白眼：“如果房子是我的，我一定指着他的鼻子让他给老娘滚出去。”

分手后的花爷一心都扑在了工作上，正赶上花爷和两个朋友注册了公司，一个姑娘家，整天睡在办公室。

忙了三个月，效果很显著，全赔了。

三个月就经历了情感和事业的双重打击，朋友们怕花爷想不开，喊她来喝酒。

花爷喝醉了，在路边又哭又笑。

我去扶花爷，花爷说想唱歌，还清了清嗓子。

我以为花爷下一句就是大河向东流，结果花爷喊了前男友的名字，大骂他王八蛋，我们第一次见到花爷这么撕心裂肺。

疼吗？

当然，谈了五年的时间，即将结婚的两个人分手了，怎么会不疼。

之后朋友们开始给花爷介绍对象，花爷见了两个，没感觉。朋友们劝花爷，你也老大不小了，先接触接触。

花爷的意思是，男人和女人谈恋爱，还是得看眼缘。工作那么忙，哪有时间浪费在一个不感兴趣的人身上。

花爷二次创业，效果还算不错。

后来花爷去参加一个商务会展，认识了会展的策展人。两个人十分合拍，第三天就在朋友圈秀起了恩爱。

说回周书书，我并没有给她介绍男朋友。回到家的时候我给她列了一个影单和书单，还给她推荐了几个兴趣小组，她现在最需要的并不是恋爱，她应该能够自己给自己提供安全感，她应该有除了恋爱以外，更加丰富的生活。

第三天，她给我发消息说她恋爱了，男朋友对她如何如何，言语间尽是甜蜜，丝毫没有两天前失恋的颓废感。

谈了没两天，男朋友觉得和她恋爱、生活无趣，提出了分手。

周书书的人生又陷入一片黑暗。

我忽然想起来花爷失恋期间在朋友圈发过一句话：

"需要别人前来拯救的人都不值得去拯救，只有爱情才能点亮的人生都不算人生。"

我想，这句话形容周书书再合适不过了。

## 后记：
## 愿这个东西化为蛀纸的时候，
## 你还能回忆起自己当年冒险的旅程

“愿这个东西化为蛀纸的时候，你还能回忆起自己当年冒险的旅程。”

这句话，是韩寒写在《独唱团》扉页的话。

当我敲完这本书最后一个符号，起身准备出去抽根烟的时候，我忽然瞥见了书桌上的《独唱团》，便顺手拿出来翻了一下。

所有关于年少的记忆就都跑出来了。

那个时候，如果形容我，大概就是热血青年吧。

我高中的时候特别喜欢韩寒，所以把韩寒所有的书都买了，一本不差。我高中的时候，写东西还不错，不愿意去写常规的课堂作文，偏要标新立异，也是我高中的时候，尽管课业繁忙，却还是喜欢写点小诗，弹个吉他。

那个时候，如果要谈未来的话，会觉得未来很近，好像我跨出高中校园，触手可及的就是未来。

一直到，高考不太顺畅，我与自己喜欢的专业失之交臂。

后来的很长一段时间我都在摸索，我以为我会是一个随遇而安的人，所以，即使在家人的意见下报了市场营销，我对经济并没有什么兴趣，我却有一段时间在说服自己。

既来之，则安之，学一科，爱一科。

所以，在后来有过一段时间我在尝试，做很多种尝试，好的、坏的、有用的、没用的……在诸多的尝试中，我有喜悦，更多的，则是一次次否定自己。

包括现在。

如果要我来定义什么是对，什么是不对，我恐怕没有办法定义。

我曾经以为我们会携手共战商海的搭档，后来分开了。

我身边爱了很多年的情侣，毕业各奔东西。

有些姑娘单身了几年忽然火速恋爱。

有些人，在毕业的时候，已经注定要前程似锦，有些却连工作都没有着落。

有些人忽然辍学，有些人在游戏里醉生梦死。

……

连身边这种熟悉环境里的小圈子，都各有各的姿态，更不要说去放眼这个大千世界。

千万种人，活成了千万种模样。

高中的时候，我特喜欢想象以后的样子，如果现在，你要问我能够想象你以后十年的样子吗？

我想，我十年之后，应该会更好一些。

但是，我只能定义一种状态，却无法定义更精确的生活。

有一种人，是那种你和他一周没见，他的经历就能丰富成一年变化的样子。

也有一种人，你和他一年没见，他的经历却和去年没有分别，除了加重的体重，和眉眼上多了一些的皱纹。

经历更多，再去选择一种生活。

最开始写这一本书的时候，我脑子里有一个大概的方向，但是写到后来的时候，我也曾不断地问过我自己，意义为何？

这只是我的一家之谈，而且，我还年轻，我的经历我的年龄于整个生命轨迹来说，根本就不算什么厉害的经历。

但是，当我把我所经历、所感、所想写出来的时候，我又渐渐明白了　无所谓意义，它的作用在于分享。

小学的时候，我们的生活是填空和判断，只有标准答案和对错。初中的时候，我们的生活是单选题，面对一堆错答案的诱惑，把正确的答案选出来。

到了高中，我们的生活是多选题，一道题，有很多种选择，经历高考后，你能选择多样的轨迹。而到了大学，我们的生活开始变成问答题。

一道陈述题摆在面前，需要用很多的理论去印证，标准答案也只是参考答案，而所答的可能性全在于自己的笔下。

等出了大学，我们的生活就不再是一张试卷，我们会发现生活里，开始没有标准答案，我们也不会去知道，这个的正确答案是什么，这应该是对还是错，这有几种选择，我从哪种选择里是对的。

我们开始变成了出题人与答题人的共同体。

我们自由地选择考什么范围、难易程度，我们也去答这些题，去摸索着它们的答案。

我听过很多人和我说，每次站在人生的十字路口的时候，都希望能够有一个人跳出来，告诉我应该怎么办，可是却没有这个人跳出来，只能自己来摸索。

他们说这些话中，都是有些无奈的样子。

可是，也因为这样，经历了迷茫、试探、摸索、犯错、纠正之后，开始在自己的出题与答题之间，越来越稳健，越来越坚定。

我知道，没有一个人的某些言论能够改变什么，言论这种东西，有时候会很苍白。

但是我记得曾经有过一个公益广告有这样一句话：公益广告就像一盏灯，这个世界灯多一点，黑暗就会少一点。

我还不足以做一盏灯，也许未必能够照亮你们前行的路。

我更希望，这是一个交流的机会。

感谢奇妙的际遇以及这样的一种途径，我说了故事，你们看到了我。

之后，就让我们各自去为我们自己的人生奋斗吧。

等下一个五年，或者十年，甚至是这本书化为蛀纸的时候，我们早已经经历了我们冒险的旅程。

不管那个时候，我们是仍旧在旅程途中，还是早已经上岸，不再冒险。

都可以记得。

再会，追梦路上的伙伴们。

米德

2016.9.10